SHIPIN ANQUAN JIANCE XINFANGFA

食品安全检测新方法

U0216436

主　编: 赵　丽　姚秋虹

编委会成员:（按姓氏拼音排序）

蔡乐梅　陈　曦　陈晓梅　董　静

黄志勇　马春华　王　宁　夏淑珺

姚秋虹　赵　丽　赵婷婷

U0216438

厦门大学出版社　国家一级出版社
XIAMEN UNIVERSITY PRESS　全国百佳图书出版单位

图书在版编目(CIP)数据

食品安全检测新方法 / 赵丽，姚秋虹主编.—厦门：厦门大学出版社，2019.3(2020.7重印)
ISBN 978-7-5615-7118-7

Ⅰ.①食…　Ⅱ.①赵…　②姚…　Ⅲ.①食品安全－食品检验　Ⅳ.①TS207.3

中国版本图书馆 CIP 数据核字(2018)第 227954 号

出 版 人	郑文礼
责任编辑	郑　丹
封面设计	蒋卓群
技术编辑	许克华

出版发行	厦门大学出版社
社　　址	厦门市软件园二期望海路 39 号
邮政编码	361008
总 编 办	0592-2182177　0592-2181406(传真)
营销中心	0592-2184458　0592-2181365
网　　址	http://www.xmupress.com
邮　　箱	xmup@xmupress.com
印　　刷	虎彩印艺股份有限公司

开本	787 mm×1 092 mm　1/16
印张	10.25
字数	200 千字
版次	2019 年 3 月第 1 版
印次	2020 年 7 月第 2 次印刷
定价	32.00 元

本书如有印装质量问题请直接寄承印厂调换

厦门大学出版社
微信二维码

厦门大学出版社
微博二维码

序 言

  "民以食为天",更要"食以安为本"。包括食品品质在内的食品安全,关系到国计民生和社会安定,也关系到我国人民身体健康和社会可持续发展。社会的发展和人们生活水平的提高,对食品种类和质量都提出了更高的要求,而高品质的食品,对保证人民身体健康,提高人民生活水平极其重要。食品安全也是当前世界范围内的热点和敏感问题。在我国,基本解决食物量的安全(food security)的同时,食物质的安全(food safety)也越来越受到社会各个层面的普遍关注。目前,全球食品安全形势依然不容乐观,食源性疾病和恶性食品污染事件还时有发生。社会上出现的各种食品安全事件,严重影响了人们对食品安全的信心,冲击了食品行业诚信道德体系,也影响了食品行业的声誉。三聚氰胺、苏丹红和地沟油等事件,各种农残、兽残超标以及各种非法添加等问题给人们留下了深刻的印象。

  食品安全检测体系的完善,需要检测技术水平的提高,尤其是现场快速检测技术方法和仪器水平的提高。我国的实验室常规检测仪器与国外仪器相比仍然有较大的差距,现有各类分析仪器产品在技术水平、可靠性、稳定性等关键性指标方面仍需要进一步的提高。目前,食品安全检测分析仪器的专用性、规模、产值和产量上都还无法满足社会发展和人们对食品安全日益增长的需要。完善、简便、快速的分析检测，是实现食品安全的关键所在，而快速检测仪器和方法是食品安全检测和食品安全质量保障不可或缺的，在食品安全和品质保证方面起到了巨大的作用。新颖、便携的食品安全快速检测技术方法与配套的仪器设备，为执法部门和广大消费者提供了技术支持。

虽然现场快速筛查的检测技术在食品安全领域的应用已受到人们的关注，也有不少快速检测的方法和仪器出现，但我国食品安全的现场监测技术整体仍较薄弱，尚有一些关键性的问题需要解决：

第一，针对种类繁多的食品，基质成分多样复杂，已有的快速检测方法尚缺乏有效的样品前处理方法。

第二，现有的快检技术方法和手段的发展速度滞后于新食品中有害残留物、污染物和添加物的发展速度。

第三，大部分仪器都还只能针对有限的具体成分，已有的技术手段无法有效地应对食品中污染（残留）物种类的多样性，无法对大量流通产品进行有效、快速的分析。

第四，快检仪器缺乏网络化功能，检测过程无法获得后台支持，检测结果无法进行大数据统计。

食品安全是一个综合性极强的学科，它牵涉生物评价、危险评估、食品分析、化学试剂、检测仪器（光、机、电、软件、分析）等诸多方面。本书着重介绍食品安全检测，特别是为实现灵敏和便捷目标的快速检测；最近几年国内外出现的一些新的技术和手段，包括样品前处理中的分子印迹技术和固相微萃取方法；在检测方式方面出现的增强拉曼光谱、荧光传感和电致化学发光方法；在检测模式方面智能手机的使用以及在检测数据方面的应用中大数据概念的涉及。

在第1章中，除介绍水产品中生物胺的种类和产生过程外，针对水产品中重要生物胺的检测，通过样品前处理方法如液液萃取、液液微萃取、固相萃取、固相微萃取和基质固相分散萃取的系统介绍，展示近年来这些前处理技术的发展；同时该章还进一步介绍生物胺的光谱、色谱和酶联检测方法的最新发展概况。

基于固相萃取原理发展起来的一种新颖的，集采样萃取、浓缩、进样于一体的样品前处理技术——固相微萃取（solid phase microextraction, SPME）在第2章中进行介绍。该章通过介绍 SPME 技术的基本概念、发展概况、基本原理、萃取装置和方式、影响因素，展现该方法在食品安全领域中关于农药残留、有机污染物和食品包装材料检测方面的应用。同时重点介绍 SPME 技术在各类杀虫剂（主要包括有机氯、有机磷及氨基甲酸酯等）和少数除草剂（以三嗪类、苯脲类为例）的残留分析；氧化锰纳米棒固相微萃取涂层的制备及其在食品中丙烯酰胺分析的应用；顶空固相微萃取－气相色谱联用在塑料包装材料中氯乙烯单体残留的分析和聚氯乙烯（PVC）玩具制品中的增塑剂邻苯二甲酸二辛酯（DEHP）的测定。

第3章概述纳米荧光材料的概念、分类、制备方法、发光机理、发展现状及其近几年在食品安全检测方面的应用，特别是半导体量子点和碳量子点荧光纳米材料。一些新颖的检测方法在食品安全快速检测中也得到应用。

第4章介绍表面增强拉曼（SERS）光谱在食品添加剂及非法添加、农药残留、病源菌及食品中的其他污染物快速检测中的应用。

一种新颖的电致化学发光（ECL）技术的发展概况、基本原理、实验装置和检测方法特点的相关介绍将呈现在第5章中。该章围绕食品安全中常见的农兽药残留（以敌敌畏、四环素为例）和违禁添加物（以三聚氰胺、盐酸克伦特罗为例）问题，结合现代纳米制备技术和电极修饰技术，重点介绍基于十六烷基三甲基溴化铵增敏的鲁米诺 ECL 法检测敌敌畏农药残留，毛细管电泳－ECL 联用技术检测四环素类抗生素残留，基于铂纳米@联吡啶钌硅球纳米复合物的 ECL 法检测盐酸克伦特罗，分子印迹技术结合 ECL 技术检测三聚氰胺等方面的内容。在荧光传感检测方面，荧光探针担负着重要的角色，而纳米荧光材料因具有独特的发光性质，已成为分析检测等领域中极具应用前景的标记材料。

食品中的氧的含量对食品的品质影响至关重要，第6章将从氧气对食品品质的影响、氧气对食品品质影响的机理、食品中氧气的检测方法、氧气的可视化传感检测以及氧气的智能包装材料等五个方面展开，尤其是简单方便的可视化氧的传感方法以及智能包装材料的应用。而在可视化检测中，除了肉眼观测，一个极为方便的检测平台——智能手机,也可实现可视化传感半定量直至定量检测。

第 7 章基于智能手机的设备的不同原理,从荧光成像原理、比色原理、电化学分析原理、光谱学原理等方面,介绍了一系列基于智能手机的设备。智能手机可作为检测器、程序控制装置和成像设备等用以采集相关信号,控制软件程序运行和显示分析结果,以及一些基于这些原理研制出的应用于食品安全检测的分析设备。虽然我国拥有各种各样的食品检测机构,也都拥有庞大的食品安全相关的检验检测数据为食品安全风险预警提供数据基础,但机构之间相互独立,数据无法共享,造成了资源的巨大浪费。如何实现全国食品检验检测信息化系统更加智能化,实现全国领域的信息共享是大数据在食品安全中应用的一项重大挑战。

第 8 章着重介绍大数据在食品安全检测中的应用情况,包括数据采集、数据储存和转移、数据分析及数据可视化的具体过程。

本书由多位长期从事食品安全检测的专家和研究人员共同撰写。其中,第 1 章由集美大学食品与生物工程学院黄志勇教授撰写,第 2、3 章由厦门大学化学化工学院陈曦教授,厦门华厦学院环境与公共健康学院赵丽教授、姚秋虹和赵婷婷共同撰写,第 4 章由武夷学院茶与食品学院马春华博士撰写,第 5 章由集美大学食品与生物工程学院陈晓梅教授撰写,第 6、7 章由厦门大学化学化工学院陈曦教授、夏淑珺、蔡乐梅共同撰写,第 8 章由厦门华厦学院王宁教授和厦门大学化学化工学院董静共同撰写。

由于编者水平有限,书中不妥之处在所难免,恳请同行和读者批评指正。

编　者

2018 年 3 月

目　录

第1章
水产品中生物胺及其检测方法

1.1 生物胺

1.1.1 生物胺的种类和结构

生物胺是一类具有生物活性的低分子量有机碱性化合物，主要包括色胺、腐胺、尸胺、组胺、酪胺、苯乙胺、胍丁胺、亚精胺和精胺等[1]。

根据其结构差异，生物胺可分为以下三类[2]：

（1）脂肪族生物胺：包括腐胺、尸胺、亚精胺、精胺、胍丁胺等；

（2）芳香族生物胺：包括酪胺、苯乙胺、苯甲胺等；

（3）杂环胺：包括组胺、色胺、5-羟色胺等。

根据分子中氨基个数的不同，生物胺可以分为两类：

（1）单胺化合物：含一个氨基，如组胺、酪胺、色胺、苯乙胺、5-羟色胺等；

（2）多胺化合物：含两个及以上氨基，如腐胺、尸胺、亚精胺、精胺等。

水产品、肉类、豆类、奶酪、葡萄酒、啤酒等蛋白质含量丰富的食品中普遍含有多种生物胺。其中，酪胺、苯乙胺、组胺、色胺、腐胺、尸胺、亚精胺和精胺是最为常见的几种，其结构式如表 1.1[3] 所示。

表 1.1　几种主要生物胺的化学结构式

生物胺	结构式	生物胺	结构式
酪胺	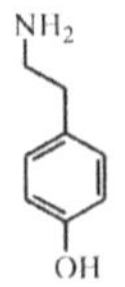	色胺	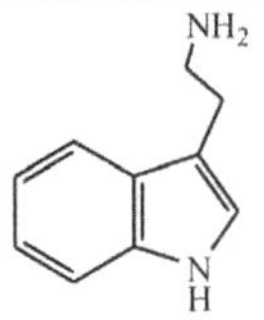

续表

生物胺	结构式	生物胺	结构式
苯乙胺		组胺	
腐胺		尸胺	
亚精胺		精胺	

1.1.2 生物胺的生理作用

生物胺广泛存在于各种动植物的组织中，是生物活性细胞必不可少的化合物，在新陈代谢过程中发挥着重要的生理作用[4]。生物胺是生物活性细胞合成核酸、蛋白质、荷尔蒙和生物碱的重要前驱物，同时参与某些生理活动，如体温的调节、营养物质的吸收、血压的升高与降低等[2]。其中单胺化合物对血管和肌肉有明显的舒张和收缩作用，参与大脑皮层及精神活动的调节。腐胺、亚精胺、精胺等多胺化合物可以促进生物细胞的生长及修复，调节核酸与蛋白质的合成及生物膜的稳定性等[5,6]。组胺在呼吸系统、心血管系统、胃肠道消化系统、血液和免疫系统中发挥着重要的生理作用，刺激感觉运动神经、控制胃酸分泌、参与免疫反应等[7]。酪胺具有显著抗氧化作用，且抗氧化效果与其含量成正比[8]。腐胺、精胺、亚精胺和尸胺等可以促进 DNA、RNA 以及蛋白质的合成、促进细胞分裂、促进植物开花结果及果实成熟，也具有清除自由基、抑制不饱和脂肪酸的氧化，以及缓解衰老等作用[9]。多巴胺和 5- 羟色胺是释放神经细胞的重要神经递质或神经调质，在激素调节、体液调节等方面起着重要作用[10]。

1.1.3 生物胺的毒性

由于少量的生物胺被人体摄入后，很快就会被人体肠细胞内产生的胺基氧化酶和醛脱氢酶分解为无毒的酸类物质，所以正常膳食摄入的生物胺不仅对人体不构成危害，而且还参与人体细胞内的各种生理活动。但是，当摄入过量的生物胺时，则会引起头痛、心悸、恶心、腹泻等一系列不良症状，严重时甚至会危及生命[11]。

组胺是对人体健康危害最大的生物胺之一，它能够促进血管末梢、毛细血管和动脉的扩张，引发人体产生低血压、脸红和头痛等症状；刺激肠道平滑肌的收缩，引发人体产生腹部痉挛、腹泻、恶心等症状[12]。"鲭鱼食物中毒"是一种由组胺引发的食物中毒，即当人体摄入组胺含量较高的鲭科鱼类时，会产生皮疹、荨麻疹、恶心、呕吐、腹泻、脸红、发麻等中毒症状；若鱼类中组胺的含量超过 200 mg/kg 将引发人体产生这类中毒现象[13, 14]。Parente等[15]指出，当人体摄入超过 8、40 和 100 mg 的组胺时，将分别引起轻微、中度和严重的中毒症状。Brink 等[16]报道，水产品和酒精饮料中组胺的含量分别超过 100 mg/kg 和 2 mg/L时也会引起组胺食物中毒。

除了组胺以外，酪胺和苯乙胺也会对人体健康造成直接危害。其中酪胺毒性较强，可以促进边缘血管收缩、增大血液浓度、加快心律和增强呼吸作用，并可以诱导神经系统释放去甲肾上腺素的作用。因此，过量的酪胺可能会引起偏头痛[17]。当食品中的酪胺含量在 100～800 mg/kg 之间，或苯乙胺超过 30 mg/kg 时可能会引起食物中毒，甚至也有研究表明，当酪胺和苯乙胺的摄入量超过 6 mg 时就会引起严重中毒[4, 16, 18]。但引起人体食物中毒的生物胺剂量可能各不相同，这是由于个体肠道消化功能的差异而导致每个人对生物胺的耐受剂量各不相同的结果。

除了上述三种生物胺可能对人体产生直接危害，其他一些生物胺本身可能不具有明显的毒性作用，但会增强这三种生物胺的毒害作用。例如，腐胺和尸胺对人体虽没有直接危害，但是它们可以与肠道细胞中的单胺氧化酶（monamineoxidase，MAO）和二胺氧化酶（diamineoxidase，DAO）反应，竞争抑制组胺的分解作用从而增大血液中组胺的含量[19-20]。胍丁胺和酪胺的存在也会抑制 DAO 的氧化作用；色胺、苯乙胺和章鱼胺则会抑制 N- 甲基转移酶的活性[21]。此外，腐胺和尸胺这两种含有两个氨基的生物胺可与亚硝酸反应生成亚硝胺等致癌物质[22]。因此，腐胺、尸胺对人体具有一定的潜在毒性，这两种生物胺可以作为评价虾和鱿鱼等水产品新鲜度的质量指标[23, 24]。

1.1.4 生物胺的产生和降解

生物胺广泛存在于动植物和食品中，主要是由氨基酸在微生物的作用下经脱羧作用形成的，同时少部分生物胺也可以由酮或者醛经过氨基转化而生成[25]。食品中主要的生物胺种类包括：腐胺、尸胺、亚精胺、精胺、组胺、酪胺、色胺和苯乙胺，以及前体如鸟氨酸、赖氨酸、精氨酸、组氨酸、酪氨酸、色氨酸和苯丙氨酸等[2]。食品中生物胺的产生需要具备以下三个条件：

（1）存在游离的氨基酸；

（2）具备发生脱羧的反应条件；

（3）具备适合微生物生长的环境。

许多种类的微生物可以产生具有氨基酸脱羧酶活性的代谢物质，促进生物胺的形成。因此，微生物污染是导致食品中生物胺大量产生的主要因素。水产品是一类蛋白质含量丰富，且易腐败的食品，因此在水产品的腐败过程中极易因受到微生物的污染而产生大量的生物胺。水产品中存在多种产生生物胺的微生物种群，如肠杆菌科、气单胞菌属、假单胞菌属、弧菌属、梭菌属、肺炎克雷伯氏杆菌、链球菌属、埃希氏菌属、变形杆菌属和沙丁氏菌属等[26]。

人体肠道中存在一套排毒系统，可以将人体正常膳食摄入的生物胺完全降解。因此，当人体摄入少量生物胺时，不会出现中毒症状[2]。其中，单胺氧化酶和二胺氧化酶在这个排毒系统中起着关键的作用，生物胺可在这两种酶的催化下脱去氨基生成醛、氨和过氧化氢[12]。

1.1.5 水产品中生物胺的限量标准

据报道，到目前为止已有许多国家和地区爆发了多起组胺中毒事件。例如，美国在1978年至1987年的十年间共爆发了157起组胺中毒事件，共有757人受害[27,28]。因此，许多专家学者开始关注食品中的组胺及其他生物胺的含量，组胺的来源、作用机制及其检测方法等。组胺和酪胺普遍存在于蛋白质含量丰富的食品中，特别是水产品中。当人体摄入过多的组胺和酪胺时，会引发血压升高、头晕、恶心、腹泻等中毒症状。但是，生物胺的摄入量、微生物数量、胺基氧化酶的数量及活性、其他生物胺的存在情况，以及个体肠道生理功能的差异等因素都会影响生物胺对人体的毒性，例如组胺的毒性与人体肠道解毒系统的情况息息相关[2]。少量的生物胺对人体没有危害，因为胺基氧化酶普遍存在于人体肠道细胞内，只有当摄入的生物胺过量或是胺基氧化酶活性被抑制，抑或是存在生物胺的协同作用时，才可能使人出现严重的中毒症状。因此，生物胺精确的毒性阈值很难界定[11]。

目前，只有少数国家和组织针对水产品中组胺和酪胺的含量提出相应的限量标准，而对于其他生物胺的含量还未设立限量标准。例如，美国食品药品监督管理局（food and drug administration，FDA）规定进出口水产品中组胺的含量不得超过 50 mg/kg，当组胺的含量超过 500 mg/kg 时，将对人体造成严重的危害[29]；欧盟规定鲭科鱼类中组胺含量不得超 100 mg/kg，其他食品中组胺不得超过 100 mg/kg，酪胺不得超过 100 mg/kg[30]；澳大利亚[31]和南非[32]分别规定食品中组胺的含量不得超过 200 mg/kg 和 100 mg/kg；我国国标（《鲜、冻动物性水产品卫生标准》，GB 2733-2005）规定鲐鲹鱼中组胺不得超过 100 mg/kg，其他红肉鱼不得超过 30 mg/kg[33]；有学者（Taylor，1985）建议，食品中生物胺的总量应小于 1000 mg/kg，并将生物胺总量作为衡量食品安全的一个重要指标[34，35]。

1.2 生物胺检测样品的前处理方法

在生物胺检测中，为了使样品中待测组分处于适当的状态，以适应分析方法的需求，必须对样品进行前处理。合适的样品前处理方法，不仅要有较高待测组分回收率，同时还能排除杂质和基体干扰，提高灵敏度。近年来，伴随着前处理技术的快速发展和自动化技术的提高，前处理技术正朝着快速、便捷、自动化、回收率高的方向发展。常见的生物胺前处理方法有：液液萃取（liquid-liquid extraction，LLE）、液液微萃取（liquid-liquid microextraction，LLME）、固相萃取法（solid-phase extraction，SPE）、固相微萃取法（solid-phase microextraction，SPME）和基质固相分散萃取（matrix solid-phase dispersion，MSPD）等。

1.2.1 液液萃取及液液微萃取

根据待测物在互不相溶的溶剂中溶解度不同，将待测组分提取出来的过程称为液液萃取。如将鸡蛋的蛋黄与蛋清进行分离后再先后加入乙酸铵与三氯乙酸进行样品的液液萃取，并利用高效液相色谱——紫外检测器（high performance liquid chromatography-ultraviolet detector，HPLC-UV）进行样品中生物胺的检测，方法的提取回收率可达 80%～110%[36]。由于传统的液液萃取技术存在操作复杂、溶剂消耗量大、选择性差且易发生乳化现象等缺点，有学者对其进行了改进，如利用盐析辅助液液萃取对果汁和酒精饮料中生物胺含量进行 HPLC 的检测，在水和乙腈作为萃取剂的基础上，加入硫酸铵进行盐析反应，降低了杂质的干扰[37]。

近年来，基于"液液萃取"基本原理建立了"液液微萃取"技术，因其高效、简便的优势在生物胺检测领域逐渐发挥作用。如以甲醇为分散溶剂、氯仿为萃取剂、异丙醇为衍生剂，并通过吡啶和盐酸消除副产物，采用气相色谱-质谱法（gas chromatography-mass spectroscopy，GC-MS）检测葡萄酒样品中 13 种生物胺，提取回收率达 77%～105%，检测限低至 4.1 μg/L，能够满足样品生物胺类的检测需求[38]。液液萃取法经过不断的改进与完善，已逐步克服其溶剂消耗量大、操作复杂等缺点，在生物胺分析领域得到越来越广泛的应用。

1.2.2 固相萃取及固相微萃取

固相萃取法是利用高效、高选择性的固体吸附剂将液体中的目标化合物吸附，从而使目标化合物与样品中的杂质分离，然后再利用洗脱液洗脱或者加热等方法使目标化合物与固相吸附剂分离，从而达到分离与富集样品的目的。如奶酪中 15 种生物胺的同时测定，可采用固相萃取——高效液相色谱方法，该法采用 ZorbaxSB-C18（35 mm × 0.5 mm，5 μm）固相萃取柱对样品在线净化，对全部生物胺的回收率高达 79.6%～118.7%[39]。又如 Magnes 等[12]利用在线固相萃取技术对生物样品中的精胺、亚精胺、尸胺等生物胺进行萃取，利用高效液相色谱-串联质谱法（high performance liquid chromatography-tandem mass spectrometry，HPLC-MS/MS）进行检测，样品过 C18 固相萃取小柱分离，用乙腈洗脱，经过超滤管过滤后进样分析，获得了较高的提取回收率和灵敏度，方法操作简便、自动化程度高。

近年来，伴随着新型材料不断地被开发出来，基于固相萃取原理的"分子印迹固相萃取"技术应运而生。分子印迹固相萃取（molecularly imprinted solid phase extraction，MISPE）是将具有高度专一性、高度选择性的分子印迹聚合物（molecularly imprinted polymers，MIPs）作为萃取填料，进行选择性富集痕量待测物，相比传统的固相萃取技术大大提高了分离效率和分析准确性[40]。如选用（4-甲氧基苯基）乙胺分子印迹聚合物作为吸附材料，利用 85% 的甲醇-水溶液和 30% 的醋酸铵-甲醇溶液进行洗脱，方法的提取回收率达到了 95%，完全可以满足样品中酪胺等生物胺的检测需求。

但考虑到固相萃取溶剂消耗量大、操作费时等缺点，基于固相萃取的原理，开发出了固相微萃取技术。如 Yang 等[41]利用硼酸亲和整体柱和 N，N′-亚甲基双丙烯酰胺的不锈钢毛细管柱对尿液中的生物胺进行提取净化,并利用 HPLC 进行检测,建立了尿液中单胺的固相微萃取–HPLC 的分析方法,可用于尿液中生物胺类的检测。

1.2.3 基质辅助固相分散萃取

基质辅助固相分散萃取(MSPD)是由美国路易斯安那州立大学的 Steven 教授等人于 1989 年研制出来的,是基于固相萃取,可以同时分散固体、半固体的新型 SPE 技术[42]。其原理是将固相萃取材料与样品一起研磨,之后得到半干状态的混合物并作为填料装柱,之后用不同的溶剂淋洗柱子,从而将各种待测物淋洗下来。例如,在鱼罐头样品中加入活化的 Bondesil CN-U 吸附剂,与样品一起研磨处理后填柱洗脱,随后采用甲酸铵缓冲液淋洗,洗脱液用 HPLC-MS 检测,可对沙丁鱼罐头中的尸胺、腐胺、组胺等生物胺类进行准确测定[42]。基质辅助固相分散萃取由于其简便高效,已在生物样品以及药品食品的生物胺检测中得到广泛应用。

1.3 生物胺的检测方法

食品中的生物胺检测方法主要有光谱法、色谱法(包括薄层色谱法、离子色谱法、气相色谱法和液相色谱法)、毛细管电泳法、生物传感器法、酶联免疫吸附法等。

1.3.1 光谱法

光谱法是基于物质与辐射能作用时,测量由物质内部发生量子化的能级之间的跃迁而产生的发射、吸收或散射辐射的波长和强度进行分析的方法。光谱法可分为原子光谱法和分子光谱法。其中分子光谱法是由分子中电子能级、振动和转动能级跃迁产生的,表现为带状光谱,常用的分析方法有紫外–可见分光光度法(UV-Vis)、红外光谱法(IR)、分子荧光光谱法(MFS)和分子磷光光谱法(MPS)等。由于生物胺分子本身既没有紫外可见光吸收基团,也没有荧光发射基团。因此用光谱法检测生物胺,一般需要对其进行衍生化处理。常用的衍生化试剂有丹磺酰氯(dansyl chloride,DNS-Cl)、邻苯二甲醛(o-phthalaldehyde,OPA)、萘二甲醛、偶氮试剂等。光谱法常用于样品中组胺的检测。具体操作步骤:首先在酸性介质如三氯乙酸(trichloroacetic acid,TCA)或高氯酸等提取组胺，纯化后的样液与衍生剂反应，然后采用 UV 或 FLD 检测样液中组胺的吸光度或发光强度而进行定量。国标《水产品卫生标准的分析方法》（GB/T5009.45-2003）即采用 TCA 溶液和正戊醇提取样品中的组胺，在弱酸性条件下与偶氮试剂（甲液：对硝基苯胺的盐酸溶液；乙液：亚硝酸钠溶液）反应显橙色，然后置于 480 nm 下测吸光度值，检测限为 50 mg/kg。该方法操作简单、成本低、分析速度快，但干扰严重、灵敏度低。

1.3.2 色谱法

1. 薄层色谱法

薄层色谱法或称薄层层析法（thin-layer chromatography，TLC），是将适合的固定相均匀涂在玻璃板上，形成一层薄膜，待点样展开后，计算样品的比移值（Rf）与对照物的比移值（Rf）的比值，用以确定待测物质的含量。TLC 具有操作简便、分析速度快等优点，但是与高效液相色谱法相比则灵敏度较低[43]。通常，将 TLC 法用于生物胺的定性和半定量测定，其基本操作流程如下：首先提取样品中的生物胺，然后加入衍生剂使生物胺与其发生反应，再将其点样涂在有硅胶或纤维素的玻璃板或铝箔板上，在展开液中进行展开分离，最后将薄层板置于紫外光下观察其荧光强度或吸光度，并计算生物胺的含量。由于生物胺是强极性物质，直接展开会限制其溶解度，所以一般采用先衍生再展开的方法。丹磺酰氯（DNS-Cl）是该方法使用最多的衍生剂之一，它易与生物胺反应，且衍生产物稳定、具备较强的荧光或吸光度特性。

例如，用 TLC 法测定葡萄酒中的 4 种生物胺，对组胺、酪胺、尸胺和腐胺的检测限在 1～20 mg/L 之间，能满足日常对酒类生物胺分析的检测需求。TLC 法具有设备简单、操作简便、分离速度快、价格低廉等优点。但该方法的重现性和精密度较差。

2. 离子色谱法[44, 45]

离子色谱（ion chromatography，IC）主要利用离子对与离子交换树脂之间亲和力的差异进行分离，可同时测定多种离子，具有简便、快速的优点。该方法可采用不同的检测器，当使用电导检测器时，离子色谱不需要衍生过程，与高效液相色谱法相比，不仅缩短了检测时间，还减少了衍生过程中的人为因素和衍生物不稳定等因素的影响，提高了分析方法的精密度和重现性。例如，利用离子色谱法可测定新鲜肉和加工肉中生物胺的含量，该方法利用不同浓度的甲磺酸水溶液对样品进行梯度洗脱，之后加入强碱使体系转化为碱性条件，再利用电化学法对其进行分析测定。

此外，当使用荧光检测器 (fluorescence detector，FLD) 时，可以得到快速分离、高灵敏度的效果。例如，Sánchez 和 Ruiz-Capillas[46] 采用 IC-FLD 法测定金枪鱼和海鲤中 9 种生物胺（包括酪胺、β- 苯乙胺、组胺、色胺、腐胺、尸胺、胍丁胺、精胺和亚精胺）的含量。结果表明利用阳离子交换柱和梯度洗脱方法实现了在 20 min 内同时分离并测定这 9 种生物胺，该方法的检测限为 0.06 ～ 0.22 mg/L。

目前，离子色谱检测法已经在生物胺、有机酸以及糖类检测中取得了广泛的应用。

3. 气相色谱法

气相色谱法（gas chromatography，GC）是一种利用物质的沸点、极性和吸附性质的差异来实现混合物分离的方法。组胺本身带有极性基团，分子间能够形成氢键，不易气化。因此气相色谱测定组胺时需将组胺先进行硅烷化反应或氟化反应，使其生成易挥发的衍生物，然后用电子捕获检测器（electron capture detector，ECD）或气相色谱——质谱联用（GC-MS）进行检测，检测限可达 μg/L（ppb）级[44]。此方法虽能进行准确定量，但是其前处理复杂、衍生产物易挥发，增加了操作难度和时间，使其在实际应用中受到一定的限制。Ali Awan 等 [47] 以三氟乙酰丙酮作为衍生剂，采用固相微萃取及纤维衍生技术，并结合 GC-MS 法实现了腐胺和尸胺的含量的快速测定，避免了液相萃取中的繁琐步骤，提高了方法的重现性、灵敏度和稳定度。此外，Huang 等 [48] 利用碱性甲醇对鱼产品中的组胺进行萃取后，直接进入气相色谱进行分析，无需对样品进行衍生化处理，样品的检测时间少于 20 min，检出限为 5μg/g，能满足检测要求。

气相色谱法对于难以气化的或在高温下不稳定的待测物"束手无策"，同时其在样品的前处理阶段也较为耗时，导致了气相色谱法在生物胺检测中的应用范围较窄。

4. 高效液相色谱法

在众多色谱分析方法中，高效液相色谱法（high performance liquid chromatography，HPLC）是使用最普遍且效果较好的一种检测方法，它具有分析速度快、灵敏度高、重现性好、分析准确、线性关系良好等优点。根据生物胺衍生方式的不同，可分为柱前衍生法和柱后衍生法；根据检测器的不同，可分为 HPLC-DAD 法、HPLC-FLD 法、HPLC-MS 法、HPLC-MS/MS 法等。

目前，常用的衍生剂主要有丹磺酰氯（DNS-Cl），苯甲酰氯（benzoyl chloride，BZY-Cl），

4-(二甲氨基)偶氨苯-4′-磺酰氯(4-(Dimethylamino) azobenzene-4′-sulfonyl chloride，DABSY-Cl)和OPA。其中，DABSY-Cl同氨基酸反应速度相对比较慢，生成的衍生物不稳定，样品出峰时间长，灵敏度低，并且过量试剂对分析有干扰，还会影响色谱柱的寿命。BZY-Cl是一种便宜、稳定、易获得的衍生剂，但是其衍生产物的紫外和荧光效应较弱，且有杂质干扰[49]。因此DNS-Cl和OPA是最常使用的衍生剂，这两种衍生剂与生物胺的反应式如图1.1所示。样品经高氯酸浸提，采用DNS-Cl柱前衍生，以乙酸铵和乙腈为流动相，采用C18色谱柱分离，在254 nm波长下检测，可分离10余种生物胺，效果良好。

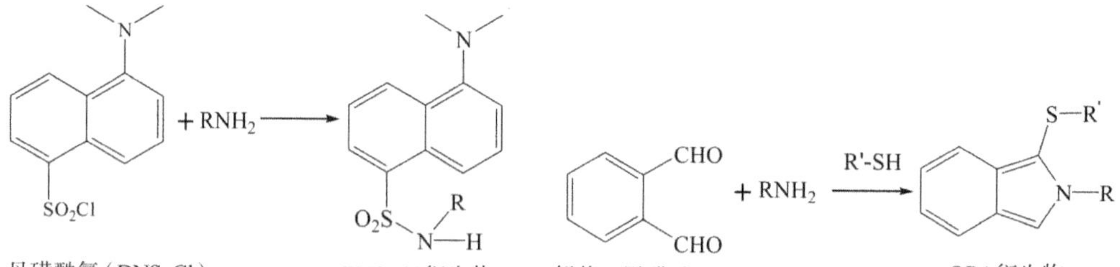

丹磺酰氯(DNS–Cl)　DNS–Cl衍生物　邻苯二甲醛(OPA)　OPA衍生物

图1.1　丹磺酰氯和邻苯二甲醛与生物胺的反应

DNS-Cl易与单胺和二胺类生物胺反应，且衍生产物较稳定，但产物的荧光特性较弱。而OPA衍生反应具有操作简单、快速、干扰小、灵敏度高等优点，常被运用于柱后衍生的检测方法中。因此，衍生剂的选择与检测器具有一定关联性，若采用UV或DAD检测器，一般采用DNS-Cl作为衍生剂，若采用FLD检测器，则选用OPA为衍生剂。

陈霞等[50]分别采用邻苯二甲醛柱前衍生高效液相色谱(HPLC)荧光检测法(简称OPA法)和丹磺酰氯柱前衍生HPLC紫外检测法(简称DNS-Cl法)测定水产品中生物胺含量，比较这两种方法对水产品中多种生物胺检测的差异。结果表明，两种方法对生物胺的检测质量浓度范围在1～100 mg/L，OPA法的检出限(0.03～0.35 mg/kg)略优于DNS-Cl法(0.15～0.90 mg/kg)。方法的精确度试验表明：OPA法的加标回收率(76.2%～107%)略优于DNS-Cl法(62.2%～118%)，然而两种方法的测量精密度均小于10%(OPA法1.3%～6.7%，DNS-Cl法2.6%～9.9%，测量次数$n = 6$)。OPA法操作简便、快速，然而其衍生产物不太稳定，对亚精胺和精胺的检测灵敏度低；而DNS-Cl法操作相对繁琐，其衍生产物稳定，可同时测定包括亚精胺和精胺在内的多种生物胺。实验结果证明用这两种衍生方法检测水产品中组胺、腐胺、酪胺和色胺存在显著性差异($P < 0.05$)。

此外，Moret等[51]分析比较了OPA柱前衍生-HPLC-FLD法和DNS-Cl柱前衍

生 -HPLC-UV 法测定蔬菜及其加工制品中生物胺的效果，结果发现在不考虑游离氨基酸干扰的情况下，DNS-Cl 衍生法在洗脱时间和生物胺检测种类上均优于 OPA 衍生法。Sagratini 等[52]用 5% TCA 提取生物胺，并利用固相萃取和 LC-MS/MS 分离检测法，同时检测鳕鱼中 8 种生物胺的含量。结果表明：该方法与 LC-FLD 检测方法相比，降低了杂质峰的干扰，缩短了样品前处理时间，同时提高了方法的灵敏度和准确度。

　　虽然利用衍生化的高效液相色谱法在生物胺中的检测应用较为广泛，但由于其过程较为复杂，且易产生副产物等缺点，会对生物胺的检测产生干扰。而基于 HPLC 无需衍生化前处理的检测技术越来越受到重视，其中在 HPLC 串接的各种检测器中，串联质谱由于灵敏度和选择性高于其他检测器，被认为是效果最好的定量手段。质谱技术不仅可以对结构相似而无法色谱分离的生物胺进行定量，同时还无需衍生化前处理。例如，利用 HPLC-MS/MS 可对肉制品中的 10 种未衍生化的生物胺进行检测。研究发现组胺、尸胺、色胺等小分子生物胺类很难在反相色谱柱中保留而容易在亲水性色谱柱中保留和分离，因此样品可经固相分散（MSPD）萃取，以乙腈和甲酸胺为流动相，可用 HPLC-MS/MS 测定鲣鱼 5 种生物胺的含量，定量限达 0.1 ng/g[53]。Magnes 等[54]建立了同时测定生物样品中的精胺、亚精胺、尸胺等生物胺的 HPLC-MS/MS 方法，该法定量限可低至 0.1～5 ng/mL。伴随着质谱的发展，除传统的三重四级杆质谱外，很多新型的质谱仪也被用于生物胺的测定，如采用 HPLC- 飞行时间质谱仪可同时测定人血清中 5 种生物胺，方法不仅定性能力准确，定量限可低至 0.02～0.1 ng/mL。由此可以看出，HPLC-MS/MS 测定生物胺时具有操作简便、灵敏度高且准确性好等优点。

1.3.3　毛细管电泳法

　　毛细管电泳法（capillary electrophoresis，CE）是一种在高压直流电场的作用下，将毛细管作为离子通道的液相分离检测技术，其对生物胺的检测不需衍生化处理，可以直接检测。根据分离模式的不同，CE 可分为多种分离模式，如毛细管区带电泳、毛细管等速电泳、毛细管等电聚焦、胶束电动毛细管色谱等。根据检测方法的不同，可分为 CE-紫外可见分光检测法、CE-化学发光检测法、CE-激光诱导荧光检测法、CE-多光子激发荧光检测法等。例如，利用 CE-连续多光子激发荧光检测系统，可测定腐胺、尸胺、组胺、精胺、亚精胺和苯乙胺 6 种生物胺的含量，方法具有分离效率高、灵敏度高、成本低等优点，适于多种复杂体系中生物胺的检测[55]。毛细管区带电泳是常用的一种分析模式,可用于不同类型基质中带电荷物质的分离,但是该方法常采用分光光度法进行检测,降低了其灵敏度,且与液相色谱法比起来,电泳迁移时间的重现性也较差。Cortacero 等[56] 建立了利用毛细管电泳法测定啤酒中 10 种生物胺含量的检测方法,该方法对酒类中生物胺的检测具有良好的检测效果且相对简单,目前在啤酒生物胺的检测中得到了广泛应用。但由于毛细管电泳法对样品的净化要求较高,所以目前多用于酒类等纯净度较高的基质中生物胺类的检测。

总体上,CE 方法具有分离效果好、分离速度快、样品用量少、成本低、无污染等优点,但稳定性和重现性稍差。

1.3.4 生物传感器法

生物传感器法(biosensor)是以固定化的生物成分(如酶、蛋白质、DNA、抗体、抗原)或生物体本身(细胞、微生物、组织等)为敏感材料,与适当的化学换能器相结合,用于快速检测生物量的新型传感检测方法。该方法具有分析速度快、选择性强、灵敏度高等优点,缺点是生物固化膜不稳定。在生物胺分析中,主要采用电化学生物传感器法,其原理是生物胺可以在单胺氧化酶(MAO)或二胺氧化酶(DAO)的催化下脱去氨基生成醛、氨和过氧化氢,通过测定反应产生的 H_2O_2 的量来确定样品中生物胺的含量。Draisci 等[57] 将铂电极、固定了 DAO 的膜和 H_2O_2 感应器结合在一起,研制了一种可以测定腌制凤尾鱼中 8 种生物胺含量的电化学生物传感器检测法,其检测限为 5×10^{-7} mol/L。Veseli 等[58] 使用铼氧化修饰的多相炭电极对鱼露中组胺进行测定,组胺被介质氧化,传感器捕捉电信号,检测结果与使用分光光度法对鱼露中组胺的检测结果基本一致。

生物传感器可以快速地对样品进行测定,不需要繁琐的样品前处理过程,只需要将样品进行适当地稀释即可测定,随着科技的发展,生物传感器将会成为检测水产品中生物胺含量的重要技术手段。

1.3.5 酶联免疫吸附法

酶联免疫吸附法(enzyme-linked immunosorbent assay,ELISA)的基本原理是采用抗原与抗体的特异反应将待测物与酶吸附在载体上,然后通过酶与底物产生颜色反应,用于定量测定。该方法具有简单、快速、灵敏、稳定等优点。将样品中提取的组胺和酶标记组胺与抗体结合，清洗后加入底物，底物与酶结合物反应出现蓝色，蓝色越深说明组胺含量越少，然后通过微孔阅读器读出其透光率，进行定量分析。Serrar 等[59]用组胺-蛋白质共扼物免疫小鼠制备单克隆抗体（Mabs），该抗体与组胺有较高的亲和性，且与其他生物胺没有交叉反应，利用该抗体建立了可检测组胺含量的竞争性酶联免疫吸附法，检测浓度范围为 10～100 ng/mL。

ELISA 方法的检测灵敏度高、检测限低、样品处理方法简单快速，但也存在着一些不足，例如不同的生物胺很难同时进行分析，检测过程中容易发生交叉反应，出现假阳性结果。

1.4 水产品中生物胺的研究进展

生物胺广泛存在于动植物和食品中，特别是蛋白质含量丰富的水产品及其制品。虽然生物胺是生物体内不可缺少的活性物质，但是它对人体具有潜在的毒害作用，由生物胺引起的水产品食物中毒事件在世界各地频繁发生，引起了人们对水产品中生物胺含量的关注，同时消费者对水产品新鲜度和安全性的要求也越来越高。基于此，检测水产品中生物胺的含量，考察不同贮藏条件对水产品中生物胺的影响对保证水产品的质量安全和营养价值具有重大意义。

1.4.1 水产品新鲜度与生物胺含量

目前，已有许多方法可用于检测水产品中多种生物胺的含量，如 TLC、IC、GC、HPLC、HPLC-MS/MS、CE、ELISA 和生物传感器法等。水产品中多数青皮红肉鱼，如鳀、鲐、鲣以及鲅鱼、鲭鱼、鲱鱼、金枪鱼、秋刀鱼、沙丁鱼和竹荚鱼等，它们的组织细胞内含有丰富的游离氨基酸（特别是组氨酸），当鱼体受到微生物的污染，在腐败的过程中可产生大量的生物胺，如腐胺、尸胺、亚精胺、精胺、组胺、酪胺等。而在这些青皮红肉鱼中，鱼中毒事件多来源于腐败的鲭科鱼（如鲭鱼、金枪鱼、马鲛鱼等），这类鱼体内含有丰富的组氨酸，若贮藏不当，组氨酸便可在微生物作用下生成大量组胺。组胺是食品中毒性最强的一种生物胺，摄入过量时极易引起食物中毒。Hwang 等[60]采用 GC 和 GC/MS 的方法检测多种鱼及鱼制品中组胺的结果表明，冻藏的金枪鱼（thunnus thynnus）、秋刀鱼（coloabis saira）、澳洲鲭（scomber australasicus）和鳀鱼（engraulis japonicus）中分别含有 267 mg/kg、168 mg/kg、149 mg/kg 和 115 mg/kg 组胺，均超出了美国 FDA 规定的限量标准（50 mg/kg）。除了这些未加工的水产品生物胺含量丰富外，一些发酵制品，如鱼露、鱼酱、蚝油、香肠等也含有大量生物胺。例如，Tsai 等[61]通过检测 27 种来自东南亚以及台湾地区常见的发酵鱼制品（包括鱼露、鱼酱和虾酱）中生物胺的含量，发现其中有 96.2% 的样品组胺含量超过50 mg/kg、25.9% 的样品中组胺含量超过 500 mg/kg，而鱼露、鱼酱和虾酱中组胺的平均含量分别高达 394 mg/kg、263 mg/kg 和 382 mg/kg，其他生物胺的含量低于 90 mg/kg。Zhai等[62]研究中国南部常见鱼及鱼制品中 8 种生物胺的含量，结果表明有 12.2% 的鱼制品中苯乙胺的含量超出 30 mg/kg，特别是烟熏竹荚鱼中苯乙胺、尸胺和酪胺的含量最高，分别达到 57.6 mg/kg、244 mg/kg 和 62.9 mg/kg。此外，亚精胺普遍存在于水产品中，这些亚精胺在生物体内的新陈代谢和细胞生长中发挥着重要的生理作用，但其含量较低。

水产品含有丰富的蛋白质、氨基酸、维生素等营养物质，且极易受到微生物的污染而转变为生物胺。因此，有许多学者认为生物胺的含量可以作为判断水产品新鲜度及安全性的质量指标，建议将组胺、腐胺和尸胺作为一些食物新鲜度的指标，如新鲜鱼、肉、蔬菜等[63]。

1.4.2 水产品加工、贮藏过程中生物胺的产生

研究发现，新鲜的鲭鱼肉几乎不含组胺，但将其放在室温下保存一天后，组胺含量达到 28.4 mg/kg；当贮藏至第二天时，组胺的含量剧增至 1 540 mg/kg，该现象也同样会发生在鲣鱼身上[64]。因此，生物胺的含量在新鲜水产品体内是较低的，它们的产生与细菌污染导致的腐败有关。故许多学者开始研究造成水产品在贮藏过程中生物胺含量变化的因素，从而可以采取措施避免生物胺的大量产生，提高水产品的食用安全性。有的学者曾提出，食品的组成成分、微生物数量以及一些可以在食品加工和贮藏过程中促进微生物繁殖的因素，如贮藏前处理、食品添加剂、温度、湿度、成熟程度、包装等，均可影响食品中生物胺产生的种类和含量。总体上，可以将导致水产品在贮藏过程中生物胺含量变化的因素大致归纳为自然因素和人为因素两大类。其中，自然因素包括水产品自身的肌肉组成、新鲜程度、个体大小、组织成分以及周围的生存环境等；人为因素则主要是在贮藏过程中不恰当

的操作给水产品带来的损伤及微生物的污染。在自然因素中，可以通过改善水产品的生存环境，以避免水产品在捕捞前受到一些不必要的摩擦、损伤及微生物的污染。

近年来，更多的研究则是针对如何控制人为因素，以避免水产品在贮藏过程中生成大量的生物胺。首先，在水产品的捕捞、装卸和堆放过程中，应尽量避免它们受到渔网、耙钩等的摩擦、翻动、挤撞，造成脱鳞、断肢、破壳、皮肤破裂等机械损伤，使得腐败菌类从损伤部位迅速侵入体内，产生生物胺。其次，在水产品的贮藏过程中应选择适宜的贮藏条件（如贮藏温度和贮藏时间），以避免微生物的大量生长繁殖，产生生物胺。近年来，许多学者致力于研究水产品的不同贮藏条件，以使成本最低并将生物胺的含量控制到最低，保证水产品的品质。例如，研究发现在贮藏过程中，水产品中生物胺的含量（如腐胺、尸胺和组胺）与贮藏温度和贮藏时间之间存在着紧密联系。Bakar 等[65] 分别测定了金目鲈（lates calcarifer）在 0℃和 4℃下贮藏过程中生物胺的变化，发现在 0℃贮藏时更能有效控制鱼体中生物胺的产生，特别是组胺。Ferránda-salguero 和 Macki[66] 研究发现鲭鱼在 0℃贮存 18 d 后仅有少量组胺生成，而在 10℃贮存 5 d 后，其肝脏及肌肉中组胺的含量可达到 1000 mg/kg。因此，适当地降低贮藏温度或缩短贮藏时间可以有效控制水产品在贮藏过程中生物胺的产生，保证其新鲜度。

目前，食品工业侧重于采用一些更有效的贮藏手段，如通过对贮藏用冰进行一些人为处理，为水产品提供一个适宜的环境以避免微生物的生长繁殖，从而控制生物胺的产生，保障水产品的新鲜度，提高其质量安全水平及营养价值。例如，采用泥状冰[67]、臭氧化泥状冰[68] 以及在冰中添加一些天然保鲜剂（如植物提取液）[69] 等方法来贮藏水产品。Campos 等[70] 将沙丁鱼（Sardina pilchardus）贮藏于臭氧化泥状冰中，发现该方法比使用传统碎冰贮藏更能有效地提高鱼的感官品质和微生物及生物化学方面的品质，且更能有效延长其保鲜期。Özyurt 等[71] 研究了添加迷迭香提取液的碎冰对沙丁鱼（sardinella aurita）进行贮藏，发现在此条件下的贮藏过程中，鱼的感官指标和生物胺含量比普通碎冰贮藏更理想，能延长沙丁鱼的保鲜期，且降低某些生物胺的含量，特别是组胺和腐胺。Phuvasate 和 Su[72] 提出电解氧化冰可以减少一些组胺菌（从鱼皮中分离得到的，如 Enterobacter aerogenes 和 Morganella morganii）的数量，从而可通过电解氧化冰来控制生物胺的产生量。

除了改变水产品的贮藏条件外，采用一些恰当的包装技术也能够有效地控制水产品在贮藏过程中生物胺的产生。研究表明，采用真空或气调包装的方法可以有效抑制鲱鱼和金枪鱼生物胺的产生, 延长保鲜期。近年来, 活性包装技术越来越受到研究者的广泛关注, 它是一种新型包装形式, 即在包装袋内添加各种气体吸收剂或释放剂, 以除去过多的 CO_2、乙烯及水气, 及时清除 O_2。该技术可以使包装袋内维持适合于食品贮藏保鲜的适宜气体环境, 以达到保证食品品质和安全, 延长其保质期的目的。活性包装技术主要包括清除 O_2、CO_2、乙烯及水气的试剂、抗菌剂、抗氧化剂等, 其中除氧剂得到了广泛的应用。例如, Mohan 等 [73] 采用添加除氧剂的包装方法处理马鲛鱼 (scomberomorus commerson), 然后检测鱼体在冰藏过程中生物胺的含量, 结果表明除氧剂可以在 24 h 内除去包装袋中 99.95% 的 O_2, 并且可以抑制许多生物胺的形成 (如亚精胺、精胺、胍丁胺、酪胺等), 能够将马鲛鱼的保鲜期延长至 20 d。而采用空气包装的保鲜期只有 12 d。Ruiz-Capillas 和 Moral[74] 也发现真空和气调包装比空气包装更能有效地抑制金枪鱼在贮藏过程中生物胺的形成, 起到延长保鲜期的作用。

除了采取上述措施外, 也可以通过降解生物胺的办法来减少水产品中生物胺的含量, 提高其食用安全性。自然界中存在一些微生物能够产生 MAO 和 DAO 等胺基氧化酶, 但不会产生其他毒性物质, 因此可以用于控制水产品在贮藏和加工过程中生物胺的含量。研究发现, 木糖葡萄球菌、变异微球菌 LTH 1540、克雷伯氏菌、肠杆菌等均具有降解组胺和酪胺的能力, 还有一些细菌, 如植物乳杆菌、清酒乳杆菌、戊糖乳杆菌和乳酸片球菌, 只能降解组胺。例如, Mah 和 Hwang[75] 将木糖葡萄球菌应用于凤尾鱼的腌制和发酵生产中, 可以有效减少组胺和酪胺的含量。Zaman 等 [76] 将生物胺分解菌应用于鱼露的加工过程中, 发现经过 120 d 的发酵后, 接种 Staphylococcus carnosus FS19 和 Bacillus amyloliquefaciens FS05 这两株菌的鱼露中生物胺的含量比对照组分别减少 15.9% 和 12.5%。研究证实, 将具有产生胺基氧化酶的微生物应用于水产品的发酵加工过程中, 可以有效降低生物胺的含量。

1.5 水产品生物胺产胺菌的分离与鉴定

水产品中生物胺主要是由对应的氨基酸在微生物作用下经脱羧形成的, 与食品的腐败有关。此外, 生物胺对人体具有潜在的毒害作用, 可作为衡量水产品新鲜度及其食用安全性的质量指标。影响水产品中生物胺含量的因素很多, 但是大多都是因为微生物的生长与繁殖，才导致水产品中生物胺的含量剧增。因此，分离、鉴定水产品中可以产生氨基酸脱羧酶的微生物种类，并研究其产胺能力是控制水产品在贮藏及加工过程中生物胺产生，提高水产品的品质及安全性，延长其货架期的有效措施。Stratton 和 Taylor[77] 指出在高于 4℃下贮藏时，Enterobacteriaceae（特别是 Morganella morganii）以及一些 Klebsiella pneumoniae 和 Hafnia alvei 微生物是鱼体中主要的产组胺菌种类。此外，还有许多肠道细菌被鉴定出含有产生组氨酸脱羧酶的基因，如 Proteus vulgaris、Proteus mirabilis、Enterobacter aerogenes、Enterobacter cloacae、Serratia fonticola、Serratia liquefaciens、Raoultella（与 Klebsiella 类似）planticola、Raoultella ornithinolytica 和 Citrobacter freundii。除了肠道细菌外，其他种属的菌群中也发现了许多具有产组胺能力的细菌，如 Clostridium spp.、Vibrio alginolyticus、Acinetobacter lowffi、Plesiomonas shigelloides、Pseudomonas putida、Pseudomonas fluorescens、Aeromonas spp. 和 Photobacterium spp.。Okuzumi 等[78] 从腐胺、尸胺和组胺含量较高的竹荚鱼中分离出产胺菌，并鉴定为假单胞菌属、弧菌属和发光杆菌属。Lakshmanan 等[79] 分离和鉴定了鱼和虾在冰藏过程中主要的产胺菌，发现这些细菌可以分为两类：革兰氏阴性菌，如产碱杆菌属、黄质菌属、不动细菌属、希瓦氏菌属和假单胞菌属，以及微球菌属（属于革兰氏阳性菌）。Mah 等[80] 从腌制和发酵凤尾鱼中分离出了一种新型的产酪胺菌，被鉴定为类芽孢杆菌属（Paenibacillus）。本课题组采用组胺筛选培养基从冰鲜蓝圆鲹鱼肉中分离出产组胺菌，利用 HPLC 测定各分离菌株的产胺能力，并通过细菌的 16S rDNA 序列构建系统发育树确定了产组胺菌的种属，在冰鲜蓝圆鲹鱼肉中共有 9 株细菌被分离出来，其中 Aeromonas salmonicida 菌株的产组胺能力最强，在 TSBH 培养基（含 0.1% 组氨酸）中产组胺达 115 mg/L。同时发现这 9 株细菌除了可产组胺外，还可产生多种生物胺（如腐胺、尸胺、酪胺等）[81]。

参考文献

[1] COTON M, ROMANO A, SPANO G, et al. Occurrence of biogenic amine-forming lactic acid bacteria in wine and cider [J]. Food Microbiology, 2010, 27(8): 1078.

[2] SILLA SANTOS M H. Biogenic amines: their importance in foods [J]. International Journal of Food Microbiology, 1996, 29(2–3): 213.

[3] PARK J S, LEE C H, KWON E Y, et al. Monitoring the contents of biogenic amines in fish and fish products consumed in Korea [J]. Food Control, 2010, 21(9): 1219.

[4] SHALABY A R. Significance of biogenic amines to food safety and human health [J]. Food Research International，1996，29(7): 675.

[5] BARDÓCZ S. Polyamines in food and their consequences for food quality and human health [J]. Trends in Food Science and Technology，1995，6(10): 341.

[6] 张春江，杨君娜，王芳芳，等 . 肉制品中生物胺产生与控制研究进展 [J]. 中国食物与营养，2010，(07): 17.

[7] 吕艳青，栗原博，等 . 组胺在机体免疫反应中的作用 [J]. 中国药理学通报，2007，23(1): 13.

[8] 俞朝阳 . 脑内组胺、多巴胺能神经在吗啡诱导的条件位置偏爱实验中的作用 [J]. 中国药理学通报，2005，21(9): 1049.

[9] YEN G C，KAO H H，et al. Antioxidative effect of biogenic amine on the peroxidation of linoleic acid [J]. Bioscience Biotechnology and Biochemistry，1993，57(1): 115.

[10] LOVAAS E. Antioxidative effects of polyamines [J]. Journal of the American Oil Chemists Society，1993，68(6): 353.

[11] TAYLOR S L，GUTHERTZ L S，LEATHERWOOD H，et al. Histamine production by foodborne bacterial species [J]. Journal of Food Safety，1978，1(3): 173.

[12] STRATTON J E，HUTKINS R W，TAYLOR S L，et al. Biogenic amines in cheese and other fermented foods: a review [J]. Journal of Food Protection，1991，54(6): 460.

[13] TAYLOR S L. Histamine food poisoning: Toxicology and clinical aspects [J]. CRC Critical Reviews in Toxicology，1986，17(2): 91.

[14] CDC (Centers for Disease Control and Prevention). Scombroid fish poisoning-Pennsylvania，1988 [J]. Morbidity and Mortality Weekly Report (MMWR)，2000，49: 398.

[15] PARENTE E，MARTUSCELLI M，GARDINI F，et al. Evolution of microbial populations and biogenic amine production in dry sausages produced in Southern Italy [J]. Journal of Applied Microbiology，2001，90(6): 882.

[16] TEN BRINK B，DAMIRIK C，JOOSTEN H M L J，et al. Occurrence and formation of biologically active amines in foods [J]. International Journal of Food Microbiology，1990，11(1): 73.

[17] 李志军 . 食品中生物胺及产生菌株检测方法的研究 [D]. 青岛：中国海洋大学食品学院，2007.

[18] TAILOR SAN，SHULMAN K I，WALKER S E，et al. Hypertensive episode associated with phenelzine and tap beer-reanalysis of the role of pressor amines in beer[J]. Journal of Clinical Psychopharmacology，1994，14: 5.

[19] 李洁，张磊，徐晨，等 . 水发产品中甲醛的危险性评估 [J]. 上海预防医学杂志，2006，18(4): 174.

[20] SAAID M, SAAD B, HASHIM N H, et al. Determination of biogenic amines in selected Malaysian food [J]. Food Chemistry, 2009, 113(4): 1356.

[21] GREIF G, GREIFOVÁ M, DRDÁK M, et al. Stanovenie biogénnych amínov v potravinách živočíšneho pôvodu metódou HPLC [J]. Potrav. Vědy, 1997, (15): 119.

[22] BILLS D D, HILDRUM K I, SCANLAN R A, et al. Potential precursors of N-nitrosopyrrolidine in bacon and other fried foods [J]. Journal of Agricultural Food Chemistry, 1973, 21(5): 876.

[23] PAARUP T, SANCHEZ J A, MORAL A, et al. Sensory, chemical and bacteriological changes during storage of iced squid (Todaropsis eblanae) [J]. Journal of Applied Microbiology, 2002, 92(5): 941.

[24] BENNER R A, STARUSZKIEWICZ W F, ROGERS P L, et al. Evaluation of putrescine, cadaverine, and indole as chemical indicators of decomposition in penaeid shrimp [J]. Journal of Food Science, 2003, 68(7): 2178.

[25] HALÁSZ A, BARÁTH A, SIMON-SARKADI L, et al. Biogenic amines and their production by microorganisms in food [J]. Trends in Food Science & Technology, 1994, 5(2): 42.

[26] RICE S L, EITENMILLER R R, KOEHLER P E, et al. Biologically active amines in food: a review[J]. Journal of Milk and Food Technology, 1976, 39 (5): 353.

[27] CDC (Centers for Disease Control). Food-borne disease outbreaks, Annual summary 1983: Reported morbidity and mortality in the United States[R]. The United States: Morbid. Mortal. Weekly Rep. (annual suppl.), 1984.

[28] CDC (Centers for Disease Control). Food-Borne Surveillance Data for All Pathogens in Fish/Shellfish for Years 1973-1987[R]. Public Health Service, U.S.: Department of Health and Human Services, Atlanta, Ga, 1989.

[29] USFDA (US Food and Drug Administration). Scombrotoxin (histamine) formation. In Fish and fishery products hazards and controls guide, 3rd ed [S]. Washington, DC, USA: Department of Health and Human Services, Public Health Service, Food and Drug Administration, Center for Food Safety and Applied Nutrition, Office of Seafood. 2001: 73.

[30] EEC. Council directive 91/493/EEC, of 22nd July 1991 laying down the health conditions for the production and the placing on the market of fishery products [J]. Official Journal of European Communities (NrL268), 1991: 15.

[31] Australian Food Standards Code. Part D: Fish and fish products. Standards D_1 and D_2 [J]. Version 18, 2001.

[32] South African Bureau of Standards. Regulations governing microbiological standards for foodstuffs and related matters [J]. Government Notice No. R 490, 2001.

[33] 中国国家标准化管理委员会. 鲜、冻动物性水产品卫生标准: GB 2733- 2005[S]. 北京: 中国标准出版社, 2005.

[34] TAYLOR S L. Histamine poisoning associated with fish, cheese, and other foods [J]. Geneva, Switzerland: World Health Organization, 1985: 1.

[35] 中华人民共和国卫生部. 中华人民共和国国家标准——水产品卫生标准的分析方法: GB/T5009.45-2003[S]. 北京: 中国标准出版社, 2004.

[36] DE FIGUEIREDO T C, DE ASSIS D C, MENEZES L D, et al. HPLC-UV method validation for the identification and quantification of bioactive amines in commercial eggs [J]. Talanta, 2015, 142: 240.

[37] JAIN A, GUPTA M, VERMA K K, et al. Salting-out assisted liquid-liquid extraction for the determination of biogenic amines in fruit juices and alcoholic beverages after derivatization with 1-naphthylisothiocyanate and high performance liquid chromatography [J]. Journal of Chromatography A, 2015, 1422: 60-72.

[38] PŁOTKA-WASYLKA J, SIMEONOV V, NAMIEŚNIK J, et al. An in situ derivatization dispersive liquid-liquid microextraction combined with gas-chromatography - mass spectrometry for determining biogenic amines in home-made fermented alcoholic drinks [J]. Journal of Chromatography A, 2016, 1453: 10.

[39] 杨姗姗, 杨亚楠, 李雪霖, 等. 在线固相萃取-毛细管高效液相色谱联用测定奶酪中的生物胺 [J]. 分析化学, 2016, 44(3): 396.

[40] LULIŃSKI P, SOBIECH M, ZOŁEK T, et al. A separation of tyramine on a 2-(4-methoxyphenyl) ethylamine imprinted polymer: an answer from theoretical and experimental studies [J]. Talanta, 2014, 129: 155.

[41] YANG X, HU Y, LI G, et al. Online micro-solid-phase extraction based on boronate affinity monolithic column coupled with high-performance liquid chromatography for the determination of monoamine neurotransmitters in human urine [J]. Journal of Chromatography A, 2014, 1342: 37.

[42] SELF R L, WU W H, MARKS H S, et al. Simultaneous quantification of eight biogenic amine compounds in tuna by matrix solid-phase dispersion followed by HPLC-orbitrap mass spectrometry [J]. Journal of Agriculture and Food Chemistry, 2011, 59(11): 5906.

[43] LAPA-GUIMARAES J, PICKOVA J. New solvent systems for thin-layer chromatographic determination of nine biogenic amines in fish and squid [J]. Journal of Chromatography A, 2004, 1045(1-2): 223.

[44] CINQUINA A L, CALÌ A, LONGOA F, et al. Determination of biogenic amines in fish tissues by ion-exchange chromatography with conductivity detection [J]. Journal of Chromatography

A，2004，1032(1): 73.

[45] RABIE M A，SILIHA H，EL-SAIDY S，et al. Reduced biogenic amine contents in sauerkraut via addition of selected lactic acid bacteria [J]. Food Chemistry，2011，129(4): 1778.

[46] SÁNCHEZ J A，RUIZ-CAPILLAS C，et al. Application of the simplex method for optimization of chromatographic analysis of biogenic amines in fish [J]. European Food Research and Technology，2012，234(2): 285.

[47] ALI AWAN M，FLEET I，PAUL THOMAS C L，et al. Determination of biogenic diamines with a vaporisation derivatisation approach using solid-phase microextraction gas chromatography-mass spectrometry [J]. Food Chemistry，2008，111(2): 462.

[48] HUANG J D，XING X R，ZHANG X M，et al. A molecularly imprinted electrochemical sensor based on multiwalled carbon nanotube-gold nanoparticle composites and chitosan for the detection of tyramine [J]. Food Research International，2011，44(1): 276

[49] PINEDA A，CARRASCO J，PEÑA-FARFAL C，et al. Preliminary evaluation of biogenic amines content in Chilean young varietal wines by HPLC [J]. Food Control，2012，23(1): 251.

[50] 陈霞，胡月，李璐，等 . 水产品中生物胺的两种衍生测定方法比较 [J]. 中国食品学报，2015，15(8): 211.

[51] MORET S，SMELA D，POPULIN T，et al. A survey on free biogenic a mine content of fresh and preserved vegetables [J]. Food Chemistry，2005，89(3): 355.

[52] SAGRATINI G，FERNÁNDEZ-FRANZÓN M，DE BERARDINIS F，et al. Simultaneous determination of eight underivatised biogenic amines in fish by solid phase extraction and liquid chromatography-tandem mass spectrometry [J]. Food Chemistry，2012，132(1): 537.

[53] 崔晓美，陈树兵，陈杰，等 . 基质分散固相萃取-亲水作用色谱-串联质谱法测定鲣鱼中 5 种生物胺的含量 [J]. 分析化学，2013，41(12): 1869.

[54] MAGNES C，FAULAND A，GANDER E，et al. Polyamines in biological samples: rapid and robust quantification by solid-phase extraction online-coupled to liquid chromatography-tandem mass spectrometry [J]. Journal of Chromatography A，2014，1331: 44.

[55] 张桂森，陈胜，徐友志，等 . 毛细管电泳-多光子激发荧光检测分析生物胺 [J]. 光子学报，2008，37(5): 1006.

[56] CORTACERO-RAMÍREZ S，ARRÁEZ-ROMÁN D，SEGURA-CARRETERO A，et al. Determination of biogenic amines in beers and brewing –process samples by capillary electrophoresis coupled to laser-induced fluorescence detection [J]. Food Chemistry，2007，100(1): 383.

[57] DRAISCI R，VOLPE C，LUCENTINI L，et al. Determination of biogenic amines with an electrochemical biosensor and its application to salted anchovies [J]. Food Chemistry，1998，62(2): 225.

[58] VESELI A, VASJARI M, ARBNESHI T, et al. Electrochemical determination of histamine in fish sauce using heterogeneous carbon electrodes modified with rhenium(IV) oxide [J]. Sensors Actuators B, 2016, 228: 774

[59] SERRAR D, BREBANT R, BRUNEAU S, et al. The development of a monoclonal antibody-based ELISA for the determination of histamine in food: application to fishery products and comparison with the HPLC assay [J]. Food Chemistry, 1995, 54(1): 85.

[60] HWANG B S, WANG J T, CHOONG Y M, et al. A rapid gas chromatographic method for the determination of histamine in fish and fish products [J]. Food Chemistry, 2003, 82(2): 329.

[61] TSAI Y H, LIN C Y, CHIEN L T, et al. Histamine contents of fermented fish products in Taiwan and isolation of histamine-forming bacteria [J]. Food Chemistry, 2006, 98(1): 64.

[62] ZHAI H L, YANG X Q, LI L H, et al. Biogenic amines in commercial fish and fish products sold in southern China [J]. Food Control, 2012, 25(1): 303.

[63] RIEBROY S, BENJAKUL S, VISESSANGUAN W, et al. Some characteristics of commercial Som-fug produced in Thailand [J]. Food Chemistry, 2004, 88(4): 527.

[64] YOSHIDA A, NAKAMURA A, et al. Quantitation of histamine in fishes and fishery products by high performance liquid chromatograph [J]. Journal of the Food Hygienic Society of Japan, 1982, 23(4): 339.

[65] BAKAR J, YASSORALIPOUR A, BAKAR F A, et al. Biogenic amine changes in barramundi (Lates calcarifer) slices stored at 0 ℃ and 4 ℃ [J]. Food Chemistry, 2010, 119(2): 467.

[66] FERNÁNDEZ-SALGUERO J, MACKIE I M. Histidine metabolism in mackerel (Scomber scombrus). Studies on histidine decarboxylase activity and histamine formation during storage of flesh and liver under sterile and non-sterile conditions. International Journal of Food Science and Technology, 1979, 14 (131): 22.

[67] AUBOURG P S, LOSADA V, PRADO M, et al. Improvement of the commercial quality of chilled Norway lobster (Nephrops norvegicus) stored in slurry ice: effects of a preliminary treatment with an antimelanosic agent on enzymatic browning [J]. Food Chemistry, 2007, 103(3): 741.

[68] LOSADA V, BARROS-VELÁZQUEZ J, GALLARDO J M, et al. Effect of advanced chilling methods on lipid damage during sardine (Sardina pilchardus) storage [J]. European Journal of Lipid Science and Technology, 2004, 106(12): 844.

[69] QUITRAL V, DONOSO M L, ORTIZ J, et al. Chemical changes during the chilled storage of Chilean jack mackerel (Trachurus murphyi): Effect of a plant-extract icing system [J]. LWT Food Science and Technology, 2009, 42(8): 1450.

[70] CAMPOS C A, RODRIGUEZ O, LOSADA V, et al. Effects of storage in ozonised slurry

ice on the sensory and microbial quality of sardine (Sardina pilchardus) [J]. International Journal of Food Microbiology, 2005, 103(2): 121.

[71] ÖZYURT G, KULEY E, BALIKÇI E, et al. Effect of the icing with rosemary extract on the oxidative stability and biogenic amine formation in sardine (sardinella aurita) during chilled storage [J]. Food Bioprocess Technology, 2012, 5(7): 2777.

[72] PHUVASATE S, SU Y C, et al. Effects of electrolyzed oxidizing water and ice treatments on reducing histamine-producing bacteria on fish skin and food contact surface [J]. Food Control, 2010, 21(3), 286.

[73] MOHAN C O, RAVISHANKAR C N, SRINIVASA GOPAL T K, et al. Biogenic amines formation in seer fish (Scomberomorus commerson) steaks packed with O_2 scavenger during chilled storage [J]. Food Research International, 2009, 42(3): 411.

[74] RUIZ-CAPILLAS C, MORAL A. Sensory and biochemical aspects of quality of whole bigeye tuna (Thunnus obesus) during bulk storage in controlled atmospheres [J]. Food Chemistry, 2005, 89(3): 347.

[75] MAH J H, HWANG H J. Inhibition of biogenic amine formation in a salted and fermented anchovy by Staphylococcus xylosus as a protective culture [J]. Food Control, 2009, 20(9): 796.

[76] ZAMAN M Z, ABU BAKAR F, JINAP S, et al. Novel starter cultures to inhibit biogenic amines accumulation during fish sauce fermentation [J]. International Journal of Food Microbiology, 2011, 145(1): 84.

[77] STRATTON J E, TAYLOR S L. Scombroid poisoning. Ward D R & Hackney C R (Eds.). Microbiology of marine food products[C]. New York: Van Nostrand Reinhold Co., 1991: 331.

[78] OKUZUMI M, FUKUMOTO I, FUJII T, et al. Changes in bacterial flora and polyamines contents during storage of horse mackerel meat [J]. Nippon Suisan Gakkaishi, 1990, 56(8): 1307.

[79] LAKSHMANAN R, SHAKILA R J, JEYASEKARAN G, et al. Survival of amine-forming bacteria during the ice storage of fish and shrimp [J]. Food Microbiology, 2002, 19(6): 617.

[80] MAH J H, CHANG Y H, HWANG H J, et al. Paenibacillus tyraminigenes sp. nov. isolated from Myeolchi-jeotgal, a traditional Korean salted and fermented anchovy [J]. International Journal of Food Microbiology, 2008, 127(3): 209.

[81] HU Y, HUANG Z Y, CHEN X, et al. Histamine-producing bacteria in blue scad (Decapterus maruadsi) and their abilities to produce histamine and other biogenic amines[J]. World J Microbiol Biotechnol, 2014, 30: 2213.

第2章
固相微萃取技术在食品安全检测中的应用

2.1 固相萃取技术

固相萃取技术（solid phase extraction，SPE）是从 20 世纪 80 年代中期由液固萃取和液相色谱技术相结合发展起来的一项样品前处理技术 [1]。在固相萃取过程中，固定相将液体样品中的目标组分吸附，与样品的基体和干扰组分分离，然后再用洗脱液洗脱或者加热解吸，达到纯化和富集目标组分的目的。该技术集样品净化和富集于一身，因此能提高检测方法的灵敏度和检测限，与液液萃取技术相比更为节省溶剂，可实现自动化批量处理，重现性好，是目前食品安全检测中常用的样品净化技术之一。但是，SPE 只适用于液体样品前处理，而且必须是洁净度较高的液体样品，在含有悬浮物或其他固体颗粒物应用中，容易在萃取柱前形成堵塞，而无法继续过柱和洗脱等操作。

2.2 固相微萃取技术

固相微萃取（solid phase microextraction，SPME）技术是一项基于固相萃取而发展起来的新颖的集采样萃取、浓缩、进样于一体的样品萃取分离技术，由加拿大滑铁卢大学的 Pawliszyn 等人在 1989 年首次提出并于 1993 年成功实现商品化 [2]。近三十年来，这一技术处于不断发展中，曾被评为 20 世纪最具潜力的 100 项技术革新发明之一，1994 年获得匹兹堡分析大会发明奖，美国化学会的杂志《Analytical Chemistry》也将其评为 1990—2000 年分析化学领域六个最伟大的创意之一。

SPME 的制备过程是将合适的萃取材料涂覆固定于熔融石英或其他材料纤维的表面，

获得实验所需的纤维涂层。萃取中，将萃取纤维置于含有目标分析物的液体或气体样品中，目标分析物通过各种形式的分子作用力直接被萃取到涂层上。与 SPE 相比，SPME 继承了固相萃取的优点，同时摒除了固相萃取需要填充固相吸附剂和需要溶剂进行淋洗、洗脱的缺点，具有操作简单、快捷、无需溶剂、能在线或活体取样和易自动化等特点。该方法可以与气相色谱（GC）、高效液相色谱（HPLC）、气相色谱–质谱（GC-MS）、高效液相色谱–质谱（HPLC-MS）等技术联用，实现复杂基质中多种化合物的高效分离分析，尤其适用于挥发性或半挥发性有机化合物的分析应用。迄今，SPME 已被广泛应用于环境、生物和食品安全检测等领域中 [3-5]。

2.2.1 固相微萃取的基本原理

SPME 技术的萃取原理是目标化合物在样品基体和萃取媒介（涂层）之间的分配，不同的涂层可以吸附不同的目标化合物，包括吸附和解吸两个过程。吸附过程是一个目标分析物在样品基质和纤维涂层固定相之间分配平衡的过程，当样品基质与纤维涂层固定相达到平衡后，纤维涂层对于目标分析物萃取的量有以下的关系：

$$n = \frac{K_{fs} V_f C_0}{K_{fs} V_f + V_s} \tag{2.1}$$

式（2.1）中，n 代表被萃取纤维涂层萃取的目标分析物的萃取量；

　　K_{fs} 代表目标分析物在纤维涂层与样品基质间的分配常数；

　　V_f 代表 SPME 纤维涂层的体积；

　　V_s 代表目标样品的体积；

　　C_0 代表待测样品中目标分析物的起始浓度。

上述关系式仅仅考虑了两相，一般来说就是类似纯水或空气的均匀相与纤维涂层，而没有考虑萃取过程中目标分析物的降解以及粘附在萃取瓶壁上目标分析物的量等因素对目标分析物的萃取量的影响。在实验过程中，萃取实验有可能在中途被打断，目标分析物也有可能在没有达到萃取平衡时，就被进行分析检测，因此为了使实验具有较好的重现性，需要在每次实验中准确控制萃取时间和搅拌速率。当样品体积很大时，关系式（2.1）可以被简化为：

$$n = K_{fs} V_f C_0 \tag{2.2}$$

式（2.2）是在实际 SPME 应用中常见的表现形式，因为 K_{fs} 和 V_f 都是常数，由式（2.2）可知，此时纤维涂层对目标分析物的萃取量与样品中目标分析物的起始浓度成正比，而与样品的体积无关。由式（2.2）可知，在对目标分析物进行 SPME 分离富集的过程中，采用较大体积的待测样品溶液，可以有效消除样品处理过程中的某些误差。因此，在上述情形下，目标化合物的分解或者有少量目标分析物被粘附在萃取瓶的瓶壁上，不会对萃取分析造成影响[6]。

解吸过程随 SPME 后续分离手段的不同而不同，对于气相色谱而言，萃取纤维插入进样口进行热解吸；对于液相色谱而言，要通过溶剂进行洗脱。

2.2.2 固相微萃取装置和萃取方式

SPME 技术在将涂层纤维连接到微量注射器装置上之后，得到了快速发展，并由此产生了第一个 SPME 装置。图 2.1 是用微量注射器改装的 SPME 装置[7]。微量注射器中用作活塞的金属丝被一根内径稍大于熔融石英纤维外径的不锈钢微管代替。通常，一根 1.5 cm 长的熔融石英纤维前端 5 mm 的涂层被去掉，然后插入微管中，并用高温环氧胶固定。在萃取和解吸附过程中推动活塞使纤维暴露出来，而当存放和刺穿隔垫时将纤维收回到保护针管中。

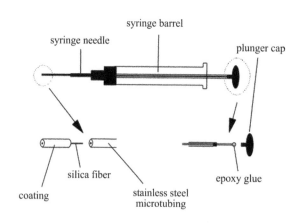

图 2.1　采用微量进样器改进的 SPME 装置图

由于 SPME 技术拥有巨大的应用潜力，Supelco 公司于 1993 年实现了该技术的商品化。图 2.2 是商品化萃取纤维和手柄构造的示意图[8]。如图 2.2 所示，涂层纤维连接在一小段不锈钢微管上，另一根较粗的金属管起穿刺针的作用。利用隔垫保持微管和针头之间的连接气密性。

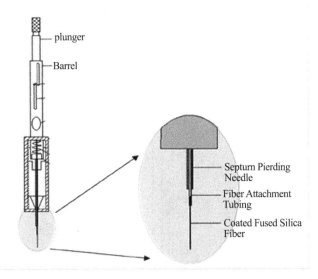

图 2.2　Supelco 公司商品化 SPME 装置的萃取纤维和手柄的示意图

不论是实验室改装的 SPME 装置,还是商品化的 SPME 装置,都能方便地与气相色谱联用,成功地实现待测物的萃取、富集和进样。1995 年,Pawliszyn 等进一步设计出 SPME 和 HPLC 的联用接口,并由 Supelco 公司实现商品化(图 2.3)[2]。SPME 与 HPLC 的联用拓展了 SPME 在生物样品、药物分析方面的应用。1997 年,他们又推出自动化的 in–tube SPME 与 HPLC 联用装置[9]。该装置具有自动化程度高,涂层易得等优点,得到了分析工作者的广泛关注。SPME 技术发展到目前为止,已经成功与 GC,HPLC,紫外可见光谱仪,傅立叶变换红外光谱仪,电感耦合等离子体光谱仪,毛细管电泳仪,拉曼光谱仪等分析仪器联用[10-12]。

SPME 的萃取方式主要可以分为两种,分别为顶空固相微萃取(headspace SPME,HS-SPME)和直接浸入固相微萃取(direct immersion SPME,DI-SPME)。其中,前者是将纤维涂层置于液体或者固体样品的顶空气相位置进行萃取,适合于任何基质中挥发性、半挥发性有机化合物的萃取;而后者则是将萃取纤维直接浸入目标分析物的溶液中进行萃取,适合于气体基质或干净的水样品。通常,当 SPME 与 GC 联用时,直接将萃取有目标分析物的纤维涂层置于 GC 的进样口中,利用气化室的高温从涂层上解吸目标分析物,分析物进入色谱柱中实现分离。当 SPME 与 LC 联用时,则需要利用甲醇、乙腈等有机试剂将目标分析物从纤维涂层上洗脱下来。目前,已经有商品化的装置可以将富集于纤维涂层上的目标分析物直接注入 LC 的六通阀。这种联用方法不仅简单省时,而且能够提高分析方法的灵敏度[13]。

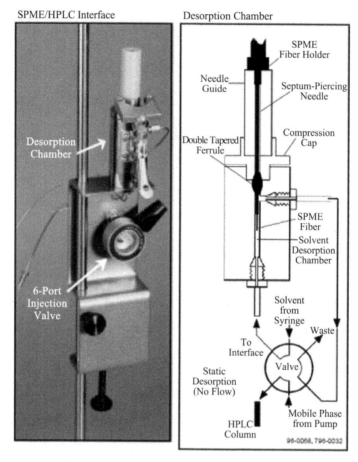

图 2.3　Supelco 公司商品化 HPLC-SPME 接口装置的实物和示意图

2.2.3 固相微萃取技术的影响因素

在 SPME 过程中，目标物的分配系数会受温度、离子强度和 pH 影响，因此萃取温度、离子强度和 pH 都是固相微萃取技术的重要影响因素。除此之外，搅拌速率和萃取时间也会对萃取效率产生影响，但这两个因素不会影响目标物的分配系数。下面分别介绍这五种萃取条件对固相微萃取的影响。

随着萃取温度的升高，目标物的扩散系数和亨利系数变大，目标物由样品传递到涂层的速率变快，萃取平衡时间变短；同时，随着温度的升高，目标物在萃取相上的分配系数降低，萃取量减少，萃取效率降低。对于直接浸入式萃取，目标物直接由液体样品传递到涂层，平衡时间较快，因此萃取温度的影响有限，一般采用室温萃取。对于顶空萃取，目标物需从样品相中挥发出来，再传递至涂层，平衡时间较长，故一般需要采用较高的萃取温度。

较高的萃取温度一方面使目标物具有较大的蒸气压，增加气体中目标物的浓度，提高萃取效率，另一方面也能有效缩短萃取的平衡时间。但是需要注意的是，分配系数会随温度的增加而降低。因此具体的萃取温度需要通过实验优化，在既保证萃取效率，又有效缩短平衡时间的前提下，选择最优萃取温度[17]。

提高溶液的离子强度，由于盐析作用的影响，会使样品基质中目标分析物的溶解度降低，分配系数增大，从而提高 SPME 的萃取效率。一般情况下，同样的萃取条件，分配系数变大，涂层能够吸收更多的目标物，萃取效率提高。理论上，当溶液中的离子强度处于过饱和状态时，萃取效率达到最大值。然而，在实际操作过程中，有些目标分析物会与无机盐离子发生静电作用，使其在样品基质中的溶解度增大，分配系数变小，SPME 的萃取效率降低。同时，由于无机盐离子会对纤维涂层造成损害，因此是否加入无机盐需要根据实际样品和目标物的物理化学性质来决定，一般只在 HS-SPME 过程中通过控制样品基质的离子强度达到增加萃取效率的目的。

通常情况下，固相微萃取技术中所萃取的目标物主要是不会电离的非极性有机物，因此不需要调节 pH。但是对于在水溶液中易电离的目标物，通过调节溶液 pH，可以使目标物由离子态转化为分子态，降低在水中的溶解度，从而提高萃取效率[16]。因此当分析物为酸性物质时，适当调低 pH，当分析物为碱性时，适当提高 pH，能有效提高萃取效率。在直接浸入固相微萃取过程中，通过加入挥发性的酸或碱，调节样品基质的 pH；在顶空固相微萃取过程中通过加入非挥发性的酸或碱，调节样品基质的 pH。

搅拌速率与上述三个因素不同，它不能改变目标物的分配系数。但是适当的搅拌能有效提高物质的传递，缩短萃取平衡时间[15]。对于直接浸入固相微萃取，搅拌可以减小涂层表面的扩散层，加快分析物由样品向涂层的传递，缩短萃取平衡时间。对于顶空固相微萃取，搅拌同样可以提高分析物在液相间以及液相向气相的扩散速度，增大顶空区分析物的浓度，提高灵敏度。

同搅拌速率一样，萃取时间也不会影响目标物的分配系数。但是萃取时间却是影响萃取效率最重要的因素之一。萃取时间是由搅拌速度以及目标分析物在纤维涂层和样品基质之间的分配系数决定的。当萃取还没达到平衡时，萃取效率会随着萃取时间的增加而增加；当达到平衡时，萃取效率不再随萃取时间的增加而增加。在实际的应用过程中，达到萃取平衡所需时间较长，因此在保证检测灵敏度的前提下，会采用较短的萃取时间进行非平衡萃取,以提高整个分析工作的效率 [2]。

2.3 固相微萃取技术在食品安全检测中的应用

随着科技及社会的进步,消费者对食品安全及食品品质越来越关注,因此食品的分析检测工作也越来越受到重视。由于食品具有基体组成复杂、种类繁多和形态多样等特点,在一定程度上加大了对食品中目标物的检测难度。SPME 作为一种新型的样品预处理技术,最早被应用于对环境样品中挥发性组分的检测,自从 20 世纪 90 年代开发成功后就开始应用于食品领域 [18-27]。

目前,国内外食品的检测工作主要包括食品纯度、营养成分、添加物、农药残留、包装污染等方面。由于食品基体组成十分复杂,分析物含量低(痕量水平),因此在仪器分析前需要进行样品的预处理,以克服基体成分干扰富集分析物。理想的食品分析方法应该能够同时实现对样品的一步分离、预富集以及对目标分子的定量检测。SPME 技术将萃取、浓缩、解吸、进样等功能集于一体,灵敏度高且具有操作简便、快捷、无需溶剂、能在线和活体取样、可自动化等特点,对于食品分析工作者来说,是一种既经济环保又能满足上述要求的理想方法。

2.3.1 在农药残留检测方面的应用

农药残留(pesticide residues),是农药使用后一个时期内没有被分解而残留于生物体、收获物、土壤、水体、大气中的微量农药原体、有毒代谢物、降解物和杂质的总称。在全世界范围内,杀虫剂、除草剂等农药已被广泛使用,而近年来人们逐渐意识到食物中的农药残留物质对人类健康的危害性,因而农药残留引起了广泛的关注。目前,世界各国都有相关的标准,对食物中农药残留物的含量进行了限量规定。因此,需要一种简单、快速、实用性强的方法对食物中的残余农药进行检测。SPME 技术由于其众多的优点在诸多样品前处理方法中脱颖而出,无溶剂萃取以及提取、浓缩、进样一体化的操作使其很快在农产品的农药残留分析中得到了广泛应用,从 1994 年首次将 SPME 应用于农药残留的分析起,已有二十余年的历史,目前应用 SPME 技术做残留分析的农药主要是各类杀虫剂,包括有机氯农药、有机磷农药及氨基甲酸酯类农药等,也有少数除草剂,如三嗪类和苯脲类 [19-21]。

有机氯农药是一类由人工合成的杀虫广谱、毒性较低、残效期长的化学杀虫剂，主要分为以环戊二烯为原料和以苯为原料的两大类。以苯为原料的包括六氯环己烷（hexachlorocyclohexane，HCHs，俗称六六六）、二氯二苯基三氯乙烷（dichlorodiphenyltrichloroethane，DDTs，俗称滴滴涕）和六氯苯等；以环戊二烯为原料的包括七氯、艾氏剂、狄氏剂和异狄氏剂等。由于有机氯农药具有高效、低毒、低成本、杀虫谱广、使用方便等特点，在有机氯农药被相继发明的几十年里，有机氯农药被大范围地运用。然而，有机氯农药的物理、化学性质稳定，在环境中不易降解而长期存在，在土壤中可以残留 10 年甚至更长时间，且容易溶解在脂肪中。而且由于有机氯农药具有一系列的危害性，对人类会造成一定的危害。有机氯农药在我国的使用是自 20 世纪 50 年代开始的。自 20 世纪 60 年代至 80 年代初，有机氯农药的生产和使用量一直占我国农药总产量的 50% 以上。20 世纪 70 年代，有机氯农药的使用量达到高峰，而到了 80 年代初，有机氯农药的使用量仍占总农药用量的 78%。在我国曾经大量生产和使用过的有机氯农药主要有 DDTs、HCHs、六氯苯、氯丹和硫丹等。

大多数有机磷农药的沸点并不高，对热较稳定；有机氯农药的极性较小，较易挥发，因此这两类农药的分析首选 SPME-GC 或 GC-MS 联机分析。多数氨基甲酸酯类农药对热不稳定，且极性较大，不易挥发，但其在 220 nm 波长处有较强吸收，因而适合采用 SPME-HPLC 分析。至于除草剂，由于其极性较大，因而限制了 SPME 技术在其残留分析中的广泛应用，目前 SPME 技术主要用于三嗪类、苯脲类除草剂的残留分析[24]。

利用微波辅助萃取和固相微萃取技术两种样品前处理方法相结合，并与气相色谱联用，能够实现茶叶中有机氯和拟除虫菊酯残留农药的有效提取、净化和浓缩，实现茶叶中农药残留量的快速检测[25]。该方法克服了固相微萃取技术用于固态样品中高沸点化合物分析的困难，有效减小了复杂基体成分的干扰；方法的灵敏度高，对有机氯、菊酯类农药的最低检出限能够达到 ng/L 级；样品处理方法简单，分析周期短；只需用少量的有机溶剂，对环境的污染小。利用固相微萃取–高效液相色谱（SPME-HPLC）的分析方法，能够进行蔬菜中氨基甲酸酯农药残留的分析检测，方法的检出限在 $0.4 \times 10^{-9} \sim 40 \times 10^{-9}$ g/g 范围内，线性范围为 $0.05 \sim 1$ mg/L，回收率达 74.4% $\sim$ 108.4%，相对标准偏差（RSD）为 4.26% $\sim$ 13.97%[26]。

2.3.2 在食品中其他有机污染物检测方面的应用

除了农药残留外，食品还经常会受到其他有机毒物的污染，这些毒物有些来自农产品原料，有些来自环境，有些则与食品加工或使用添加剂不当有关，它们的含量虽然极微，但对人体的危害不可漠然视之，尤其是持久性有机污染物（persistent organic pollutants, POPs）。POPs 一直为世界各国政府和组织所关注，它们的直接毒性、高残留性、高富集性、结构稳定性以及在自然界中不易降解的特点，极易导致生物链对 POPs 的逐级浓缩，进而对生态环境和人类构成潜在的威胁。所有的这些有机污染物都可以通过食物链传递到人体，因此快速检测食品中有机污染物显得尤为重要。

丙烯酰胺是一种常用的化工原料，常被制备成聚丙烯酰胺或其共聚物，被广泛应用于污水处理、造纸工业、饮用水净化工业、选矿工业以及日化工业等[28-30]。目前研究发现，丙烯酰胺具有神经毒性、遗传毒性和致癌性。研究发现，经过高温煎炸或烘烤后的富含碳水化合物的食物中含有高浓度的丙烯酰胺，因此，选择一种灵敏度高、选择性强的分析方法对于检测食品中丙烯酰胺的含量至关重要。姚等利用水热法合成氧化锰纳米棒，并以物理涂渍的方法固定于不锈钢丝上，制备获得氧化锰纳米棒固相微萃取（SPME）涂层[27]。建立了利用该 SPME 与气相色谱-电子捕获检测器联用分析法，进行了薯片和饼干中丙烯酰胺含量的检测。结果显示，氧化锰纳米棒纤维涂层对于上述两种具有复杂基质样品中的丙烯酰胺具有较好的萃取能力，实验测得的薯片和饼干中丙烯酰胺的含量分别为 2.43 μg/g 和 1.31 μg/g。

邢英豪等使用固相微萃取-气相色谱质谱联用技术检测了市场上的塑料制品盛装的食用油及膨化食品中的塑化剂含量，方法的检出限达到 0.97～34.73 μg/kg。张潜等用 100 μm 聚二甲基硅氧烷萃取纤维，测定了饮用水中 16 种多环芳烃和 6 种多氯联苯，方法的检出限可以达到 0.0003～0.054 μg/L。康迪等用活性炭纤维作为固相微萃取的萃取纤维与气相色谱-质谱联用测定了烤肉中的多环芳烃，检测限达到 0.1～50 μg/kg。Bai 等用 SPME 与 GC-MS 联用，分析酒类中的多环芳香烃，结果得出多环芳香烃的加标回收率为 76.52%～119.8%，表明该方法重复性较好，且操作简单、灵敏度高，适用于酒类中的多环芳香烃的检测[31]。

2.3.3 在食品包装材料检测方面的应用

固相微萃取技术在食品包装材料检测方面的应用,主要包括材料单体残留检测、添加剂检测和油墨粘合剂检测。据报道,国内外使用 SPME 技术用于单体残留物检测,大多针对聚氯乙烯(PVC)的单体,但食品包装单体残留物种类很多,如 ABS 中的丙烯腈、聚丙烯腈(PAN)中的丙烯酰胺,使用 SPME 技术对这些单体检测具有重要意义[32]。

目前,SPME 技术在食品包装检测主要用于添加剂的定性、定量分析,在这方面,国内外学者的论文也最多。已有研究利用固相微萃取与气相色谱联用技术,以自制的冠 -4- 烯 / 羟基硅油复合固相萃取纤维对塑料制品中的酞酸酯进行分析,该方法检出限为 0.006～0.084 μg/L,相对标准偏差 ≤ 10.0%,回收率为 95.5%～101.4%,可以满足检测的要求[33]。利用新型溶胶–凝胶富勒烯涂层,结合顶空固相微萃取–气相色谱法,可以实现对 PVC 玩具制品在模拟汗液浸泡液中的增塑剂邻苯二甲酸二辛酯(DEHP)进行分析和测定[34]。测量溶液中最低检出限为 1.56 ng/L,实际样品的可测最低含量为 0.001%,相对标准偏差 RSD=3.57(*n*=7),可以满足检测要求。

SPME 技术在油墨和黏合剂的挥发性物质检测中主要用于对苯系物、醇系物、异氰酸酯等物质的检测。魏黎明等采用固相微萃取与气相色谱联用技术,对塑料保鲜薄膜、牛奶包装袋中的痕量挥发性有机物如异丙醇、乙酸乙酯、丁酮、甲苯进行定量测定[35]。该方法的线性范围大于 10^2 数量级,检出限低于 4.4 ng/mL 水平,方法灵敏度比传统的顶空气相色谱法大大提高。

2.3.4 其他应用

SPME 技术所具有的灵敏度高、操作简便且价格低廉的优势,很快就使它成为食品安全检测技术的研究热点。除了前述在食品中农药残留、其他有机污染物和包装材料的检测之外,还可以用于其他挥发性组分的检测,如风味物质的检测。新涂层的研究及新装置的推出使 SPME 技术在食品安全领域的应用前景更为广阔。

参考文献

[1] 陈小华,汪群杰 . 固相萃取技术与应用 [M]. 北京:科学出版社,2010.

[2] LORD H, PAWLISZYN J. Evolution of solid-phase microextraction technology [J]. Journal

of Chromatography A, 2000, 885 (1–2): 153.

[3] MEI M, YU J, HUANG X, et al. Monitoring of selected estrogen mimics in complicated samples using polymeric ionic liquid-based multiple monolithic fiber solid-phase microextraction combined with high-performance liquid chromatography [J]. Journal of Chromatography A, 2015, 1385, 12.

[4] PONTES M, PEREIRA J, CAMARA J S, et al. Dynamic headspace solid-phase microextraction combined with one-dimensional gas chromatography-mass spectrometry as a powerful tool to differentiate banana cultivars based on their volatile metabolite profile [J]. Food Chemistry, 2012, 134 (4): 2509.

[5] FLORES-RAMIREZ R, ORTIZ-PEREZ M D, BATRES-ESQUIVEL L, et al. Rapid analysis of persistent organic pollutants by solid phase microextraction in serum samples [J]. Talanta, 2014, 123: 169.

[6] BALASUBRAMANIAN S, PANIGRAHI S. Solid-phase microextraction (SPME) techniques for quality characterization of food products: a review [J]. Food and Bioprocess Technology, 2011, 4 (1): 1.

[7] ARTHER C L, PAWLISZYN J. Solid phase microextraction with thermal desorption using fused silica optical fibers [J]. Anal. Chem, 1990, 62: 2145.

[8] PAWLISZYN J, LIU S. Sample introduction for capillary gas chromatography with laser desorption and optical fibers [J]. Anal. Chem, 1987, 59: 1475.

[9] CHEN J, PAWLISZYN J B. Solid phase microextraction coupled to high–performance liquid chromatography [J]. Anal. Chem, 1995, 67: 2530.

[10] EISERT R, PAWLISZYN J. Automated in–tube solid phase microextraction coupled to high–performance liquid chromatography [J]. Anal. Chem, 1997, 69: 3140.

[11] Wittkamp B L, Hawthorne S B, Tilotta D C, et al. Determination of aromatic compounds in water by solid phase microextraction and ultraviolet absorption spectroscopy. 1. Methodology [J]. Anal. Chem, 1997, 69: 1197.

[12] WITTKAMP B L, HAWTHORNE S B, TILOTTA D C, et al. Determination of aromatic compounds in water by solid phase microextraction and ultraviolet absorption spectroscopy. 2. Application to fuel aromatics [J]. Anal. Chem, 1997, 69: 1204.

[13] VAS G, VEKEY K. Solid-phase microextraction: a powerful sample preparation tool prior to mass spectrometric analysis [J]. Journal of Mass Spectrometry, 2004, 39 (3): 233.

[14] FLORES-RAMIREZ R, ORTIZ-PEREZ M D, BATRES-ESQUIVEL L, et al. Rapid analysis of persistent organic pollutants by solid phase microextraction in serum samples [J]. Talanta, 2014, 123: 169.

[15] LI Q L, MA X X, YUAN D X, et al. Evaluation of the solid–phase microextraction fiber coated with single walled carbon nanotubes for the determination of benzene, toluene, ethylbenzene, xylenes in aqueous samples [J]. Journal of Chromatography A, 2010, 1217: 2191.

[16] KATAOKA H, LORD H L, PAWLISZYN J, et al. Applications of solid-phase microextraction in food analysis [J]. Journal of Chromatography A, 2000, 880 (1–2): 35.

[17] YU S, XIAO Q, ZHONG X. Simultaneous determination of six earthy–musty smelling compounds in water by headspace solid-phase microextraction coupled with gas chromatography-mass spectrometry [J]. Analytical Methods, 2014, 6 (22): 9152.

[18] CASTRO L F, ROSS C F. Determination of flavour compounds in beer using stir-bar sorptive extraction and solid-phase microextraction [J]. Journal of the Institute of Brewing, 2015, 121 (2): 197.

[19] SAPAHIN HA, MAKAHLEH A, SAAD B, et al. Determination of organophosphorus pesticide residues in vegetables using solid phase micro-extraction coupled with gas chromatography-flame photometric detector [J]. Arabian Journal of Chemistry, 2015, Ahead of Print.

[20] MERIB J, NARDINI G, CARASEK E, et al. Use of Doehlert design in the optimization of extraction conditions in the determination of organochlorine pesticides in bovine milk samples by HS-SPME [J]. Analytical Methods, 2014, 6 (10): 3254.

[21] ZHANG Y, WANG X, LIN C, et al. A novel SPME fiber chemically linked with 1-Vinyl-3-hexadecylimidazolium hexafluorophosphate ionic liquid coupled with GC for the simultaneous determination of pyrethroids in vegetables [J]. Chromatographia, 2012, 75 (13–14): 789.

[22] 胡国栋. 固相微萃取技术的进展及其在食品分析中应用的现状 [J]. 色谱, 2009, 27(1):1.

[23] KATAOKA H, LORD H, PAWLISZYN J, et al. Application of solid-phase microextraction in food analysis [J]. Journal of Chromatography A, 2000, 880(1-2): 35.

[24] AdALBERTO M F, FABIO N D S, PEDRO A, et al. Development, validation and application of a methodology based on solid-phase microextraction followed by gas chromatography coupled to mass spectrometry (SPME/GC–MS) for the determination of pesticide residues in mangoes [J]. Talanta, 2010, 81(9): 346.

[25] 袁宁, 余彬彬, 曾景斌, 等. 微波辅助萃取–固相微萃取–气相色谱法同时测定茶叶中的有机氯和拟除虫菊酯农药残留 [J]. 色谱, 2006, 24 (6): 636.

[26] 瞿德业, 魏善明, 周围, 等. 蔬菜中氨基甲酸酯类农药残留的固相微萃取分离和 HPLC 法检测 [J]. 应用化学, 2009, 26(4): 498.

[27] 姚秋虹, 徐娜, 赵婷婷, 等. 氧化锰纳米棒固相微萃取涂层的制备及其在食品中丙烯酰胺分析的应用 [J]. 中国科学: 化学, 2016, 46:316.

[28] LIAO Y，ZHENG H，DAI L，et al. Hydrophobically modified polyacrylamide synthesis and application in water treatment [J]. Asian Journal of Chemisty，2014，26 (18): 5923.

[29] FRIEDMAN M. Chemistry，biochemistry，and safety of acrylamide. A review [J]. Journal of Agricultural and Food Chemistry，2003，51 (16): 4504.

[30] DEARFIELD K L，ABERNATHY C O，OTTLEY M S，et al. Acrylamide: its metabolism，developmental and reproductive effects，genotoxicity，and carcinogenicity [J]. Mutation Research/Reviews in Genetic Toxicology，1988，195 (1): 45.

[31] BAI S，LI Y，JIN W B，et al. Determination of poly cyclic aromatic hydrocarbons in alcohol food simulation by gas chromatography-mass spectrometry [J]. Journal of Food Safety and Quality，2013，4(5): 1478.

[32] 李润岩 . 固相微萃取技术在食品包装材料检测中的应用 [J]. 塑料助剂，2008，4，16.

[33] LI X J，ZENG Z R，CHEN Y，et al. Determination of phthalate acid esters plasticizers in plastic by ultrasonic solvent extraction combined with solid-phase microextraction using calix [4] arene fiber [J]. Talanta，2004，63(4):1013.

[34] 杨左军，张伟亚，潘坤永，等 .SPME-GC 法测定塑料玩具制品在模拟汗液浸泡液中的 DEHP [J]. 检验检疫科学，2002，12(4):8.

[35] 魏黎明，李菊白，李辰，等 . 固相微萃取–气相色谱法测定塑料食品包装袋中的痕量挥发性有机物 [J]. 分析测试技术与仪器，2003，9(3):178.

第 3 章

新型荧光传感材料在食品安全检测中的应用

3.1 荧光材料概述

3.1.1 荧光分析法概述

荧光是一种光致发光的冷发光现象。当一定波长的光（通常是紫外光或 X 射线）照射发光物质时，物质分子内电子吸收光的能量，由基态跃迁到激发态，而激发态的分子很不稳定，会以光辐射的方式释放能量并返回基态，这一过程中会损失部分能量。因此，多数情况下，发射光的波长要大于入射光的波长。当激发光照射停止后，发光现象也随之消失，这种性质的发射光称为荧光。

荧光分析法指某些物质在特定波长的光照射下产生荧光，利用其荧光强度进行物质的定性或定量分析。作为一种简单、实用的分析方法，荧光分析方法出现于 19 世纪 60 年代。该方法具有许多优点：（1）选择性好；（2）具有多种可测定的参数，如荧光强度、荧光量子产率、荧光寿命、激发波长、发射波长等；（3）灵敏度高；（4）具有多种检测技术和方法，如荧光发射、同步荧光、荧光偏振、荧光动为学、时间分辨荧光、五维荧光光谱、导数荧光等。由于荧光分析技术的这些优点，实际应用中可以选择最合适的检测技术和方案，实现简便和快速的分析检测。

荧光分析必须要有荧光物质（荧光探针）。早期，研究者们普遍采用传统的荧光染料做荧光剂，但多数荧光染料的荧光信号背景强、激发光谱较窄（很难同时激发多种组分）、荧光发射光谱宽且分布不对称（同时检测多种组分较为困难）、易被光漂白（光化学稳定性差）等缺陷。随着纳米材料制备和研究的飞速发展，新型的荧光纳米材料由于具有较高的荧光量子产率、优越的光稳定性等优点，而受到人们的重视。这些荧光纳米材料主要包括：（1）无机荧光纳米材料，如量子点、金属纳米团簇；（2）有机荧光纳米材料，如碳点、石墨烯量子点等为主的碳基材料，以及聚合物荧光纳米材料等；（3）稀土上转换纳米材料；（4）复合荧光纳米材料等。其中，量子点独特的光学性质，使其在生物传感、荧光成像、细胞生物学等领域具有极大的应用，受到越来越广泛的关注和重视。

3.1.2 新型荧光纳米传感材料量子点

1. 量子点的定义和结构

荧光量子点（quantum dots，QDs），一类准零维的具有荧光性质的金属半导体纳米颗粒，半径约 1～10 nm，多数由Ⅱ-Ⅵ族或Ⅲ-Ⅴ族元素组成。量子点的半径小于或接近激子波尔半径，其电子受限于纳米空间区域，因此限制了电子向各个方向的运动，而呈现较为显著的量子限域效应，从而出现了不同于宏观物体的诸多独特的物理化学性质。量子点的发射光谱与其尺寸大小密切相关。随着量子点尺寸的减小，多数原子位于量子点表面，从而增大了量子点的比表面积。随着量子点比表面积的增大，其表面原子数相对增多，表面受光激发的电子或空穴受钝化表面的束缚作用越大，导致吸收的光能也越多，使得量子点的吸收带蓝移，且尺寸越小，蓝移现象越显著。

量子点多呈圆形，由结构上的不同可以划分为单核型、核壳型、掺杂型三种，见表 3.1。单核型合成方法较为简单，但荧光量子产率较低，荧光性质不够稳定，因此可以采用量子点的包覆方法，形成了核壳型量子点以减少量子点的表面缺陷，增强其荧光强度和稳定性。掺杂型荧光量子点多是利用 Mn、P 等元素掺杂，使量子点的荧光或磷光性质得到改善，此外这些掺杂还可以增加荧光量子点的电磁等性质。

表 3.1　量子点的分类表

类型	量子点
单核型	CdSe、CdTe、CdS、ZnSe、ZnS、PbS、ZnO、InP、InAs
核壳型	CdSe/ZnS、CdSe/CdS、CdSe/CdS/ZnS、CdS/CdSe、ZnSe/CdSe、CdTe/CdSe
掺杂型	CdSe:Mn、ZnS:Mn、ZnSe:Mn、CdS:Co、ZnS:Cu、ZnO:P

2. 量子点的发光原理

当量子点的尺寸小到一定值时，由于受到量子尺寸效应的影响，原来连续的能级结构转变为类似原子的不连续结构，如图 3.1 所示。当光照射到量子点上时，量子点吸收光子，价带上的电子吸收能量后受到激发,跃迁至导带,而在价带上则会产生与被激发电子对应的空穴。跃迁到导带上的电子可以再以辐射跃迁的方式重新回到价带,与价带上的空穴复合并发射光子,这就是量子点的发光原理。除此之外,导带上的被激可发电子也能被量子点材料自身的表面缺陷所捕获,这种情况下,电子是以非辐射的形式被猝灭,因而不能发射光子。在这样一个过程中,跃迁到导带上的电子只有少部分能够以辐射跃迁的方式重新回到价带,大部分电子则会通过多种非辐射的途径猝灭。由此可见,如果量子点材料自身的表面缺陷较多,其发光效率将会显著降低。

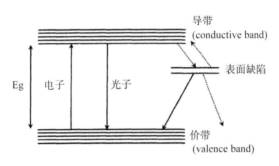

图 3.1　半导体量子点的发光原理

3. 量子点的光学特性

与传统有机荧光染料相比,荧光量子点具有独特的光学性质,具体如下:

(1)荧光量子点的发光性质与其组分、类型、粒径大小密切相关,通过改变量子点的制备条件可以控制其尺寸从而得到特定发射峰的量子点。组分不同,荧光量子点的发射波长的可调范围也有差别,如 CdSe 量子点的发射波长为 430～660 nm,而 CdTe 量子点的发射波长则为 490～750 nm,InP 量子点的发射波长为 620～720 nm。

(2)荧光量子点光稳定性良好,可重复多次激发,不易出现荧光漂白现象。相较于常用的有机荧光材料如罗丹明 6G,一些荧光量子点的荧光强度可达到罗丹明 6G 的 20 倍,稳定性是其 100 倍以上。

(3)荧光量子点的激发谱较宽且连续。使用单一波长的激发光源就可以对不同粒径的荧光量子点进行同步激发,而传统有机荧光染料的激发光谱较窄,每种荧光染料通常都需要特定波长的激发光来进行激发。

(4)荧光量子点具有较大的斯托克斯位移,这一特性较大程度避免了发射光谱与激发光谱的重叠,有利于荧光信号的检测。荧光量子点所具有的窄且对称的发射光谱,使量子点能够同时显现多种颜色而不发生重叠现象,从而容易实现多组分的同时检测。

(5)荧光量子点表面易进行功能化修饰,使其具备较好的生物相容性,且细胞毒性较低,对生物体危害也较小,适用于生物活体的标记和检测。

(6)量子点的荧光寿命长。一般有机荧光染料的荧光寿命仅为几纳秒(与多数生物样本的自发荧光衰减所需时间相当),而量子点的荧光寿命可达几十纳秒,即在激发光源激发后,多数的自发荧光已然衰变时,量子点荧光仍然存在。在实际操作中,可使去除荧光信号中的背景干扰变得容易。

3.2 新型荧光纳米传感材料——石墨烯量子点

3.2.1 石墨烯量子点概述

石墨烯量子点(grapheme quantum dots,GQDs)则是指尺寸小于 100 nm 且厚度小于 10 层石墨烯片层的石墨烯纳米材料,具有典型的石墨烯晶格结构。GQDs 作为新近发现的荧光纳米材料,具有明确的结构和独特的理化性质,其研究状况受到人们的日益关注。

3.2.2 石墨烯量子点性质

作为新型的荧光纳米传感材料,与碳纳米点和聚合物点相比,石墨烯量子点具有可以与石墨烯相媲美的优异性能;同时又因量子限域效应和边缘效应使其呈现出一系列不同于石墨烯的新的理化特性。而与传统的量子点和有机染料相比,GQDs 不仅具有可调的光学性质,还具有很好的光稳定性、生物相容性、低毒性等优势。同时,其表面的含氧基团不仅增加了它们的水溶性,还为它们与其他无/有机物、生物小分子等物质作用提供了反应位点。这些独特的理化性质使其在光电设备、分析传感、生物成像、药物传递等领域具有良好的应用前景,因而备受各个领域科学家的关注。

1. 紫外吸收和荧光特性

基于 GQDs 内部石墨烯结构中 C═C 的 π-π* 跃迁,多数的 GQDs 在 230 nm 左右有一个明显的吸收峰,并延伸至可见光区[1]。而少数的 GQDs 在 270~360 nm 处会出现肩峰,该峰归属于 GQDs 表面 C═O 键的 π-π* 跃迁[2]。吸收峰的位置主要取决于 GQDs 的制备方法,因为不同制备方法得到的产物表面的功能团存在一定的差别。已有的制备方法可以获得发射深紫光[3]、蓝光[4]、绿光[1]、黄绿光[5]、黄光[6]、橙光[7]和红光[8]的 GQDs。对于 GQDs 的光致发光机理尚未有统一的解释，主要是因为其制备方法繁多，得到的 GQDs 的结构不尽相同，控制光致发光的中心也各有差异。而目前提出的可能的发光机理主要有量子尺寸效应、表面态和边缘态、本征态和缺陷态、电子—空穴对辐射复合、异原子的掺杂引起的电荷迁移等[9]。

　　研究发现，多数 GQDs 的发射波长随着激发波长的红移而红移并伴随着荧光强度的降低（图 3.2a）[10]，也有部分 GQDs 只有荧光强度会随着激发波长的红移而降低但发射峰位置保持不变（图 3.2b），这主要是由其均一的粒径所决定的[11]。同时，GQDs 的光致发光也受 pH 的影响。Wu 等和 Guo 等[12]都发现 GQDs 在碱性条件下可以发射很强的荧光，但在酸性条件下，荧光几近完全猝灭，且在 pH=1～13 范围内可反复调节（图 3.2c）。这可能是因为 GQDs 边缘的 zigzag 位点在酸性条件下发生质子化，激发的三线态卡宾被打破而无法回到基态；而 zigzag 位点在碱性条件下可以恢复，故可发射荧光（图 3.2d）。此外，研究还发现 GQDs 的光致发光还受溶剂的影响。Zhang 等[13]报道经溶剂热反应得到的 GQDs，在四氢呋喃（THF）、丙酮、DMF 和水中的发射波长会从 475 nm 移动到 515 nm（图 3.2e），这可能是与 GQDs 表面的发射陷阱有关。而 Yang 等[14]发现经修饰或还原处理后的 GQDs 的发射波长则不受溶剂影响（图 3.2f）。

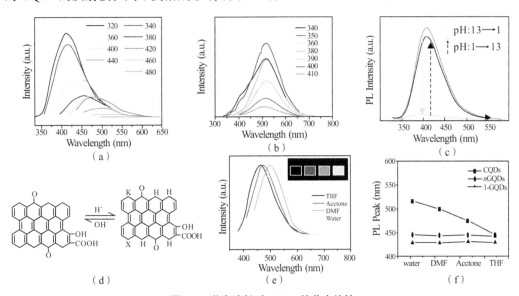

图 3.2　激发波长对 GQDs 的荧光特性
（a）N-GQDs 和（b）GQDs 荧光发射光谱的影响；pH 对 GQDs 荧光发射光谱的影响
（c）及可能的机理（d）；溶剂对 GQDs 荧光发射光谱的影响（e, f）[13, 14]

2. 电致化学发光

电致化学发光（electrogenerated chemiluminescence，ECL）结合了化学发光和电化学技术，具有灵敏度和选择性高、线性范围宽、背景信号低等特点，因此基于 ECL 信号的分析方法备受关注。2012 年，Li 等[15] 在 Tris-HCl 缓冲溶液（0.05 mol/L，pH7.4）中以 0.1 mol/L $K_2S_2O_8$ 为共反应物，首次发现了 gGQDs 具有 ECL 性质。实验结果显示 gGQDs 在 -1.45 V 处有一个很强的 ECL 峰，高出了起始电势（-0.9 V）9 倍（图 3.3a）。同在 340 nm 的激发波长下，gGQDs 的 ECL 发射峰出现在 512 nm，比其光致发光发射峰红移了 12 nm（图 3.3b）。而相同实验条件下，bGQDs 则因更宽的带隙和更高的还原阻力，表现出比 gGQDs 相对较弱的 ECL（图 3.3c）。整个体系可能的 ECL 机理（图 3.3d）：电化学还原 $S_2O_8^{2-}$ 和 GQDs 得到具有强氧化能力的 SO_4^{-} 和 $GQDs^{-}$ 自由基，随后 SO_4^{-} 和 $GQDs^{-}$ 自由基之间通过电荷转移湮灭得到激发态的 GQDs* 并产生电致发光。

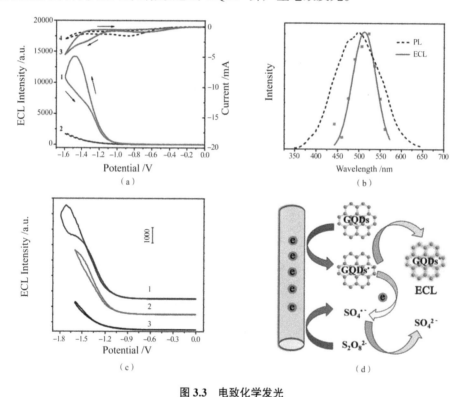

图 3.3 电致化学发光
（a）gGQDs 的 ECL 电势曲线和循环伏安图（CV）；（b）gGQDs-K2S2O8 体系的荧光发射光谱和 ECL 光谱；（c）背景和 bGQDs 的 ECL- 电势曲线；（d）GQDs 的 ECL 机理图[15]

3. 催化活性

GQDs 的表面积大、电子传输能力强且稳定性好，是一种良好的催化剂。基于 GQDs

在可见光区的特征吸收峰，研究发现 GQDs 与石墨烯、金纳米颗粒等复合都可以大大增加这些材料的光催化效果。而经过异原子掺杂的 GQDs（主要是 N 和 S 原子），与 TiO$_2$ 复合后，其光催化活性比 TiO$_2$ 和 GQDs 都高[16]。除了 GQDs 的光催化活性外，Qu 等[17] 发现 N-GQDs 与石墨烯的复合物在 O$_2$ 饱和后的 KOH 溶液中呈现一个很好的阴极峰（图 3.4a），其氧化还原反应的起始电位（-0.16 V）和还原电位（-0.27 V）与传统的 Pt/C 催化剂相接近，说明该复合物对氧化还原反应有电催化作用。而且其催化作用不受溶液中甲醇的干扰，具有很好的选择性（图 3.4b）。Liu 等[18] 和 Li 等也相继报道了 N-GQDs 对氧化还原反应的电催化性质。随后 Fei 等[19] 发现了 B、N 双掺杂的 GQDs 的电催化活性比传统的 Pt/C 还要高。

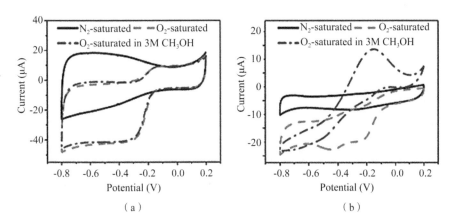

图 3.4　在 N$_2$ 饱和 0.1 M KOH 及 O$_2$ 饱和 0.1 M KOH 和 3 M CH$_3$OH 溶液中
GC 电极上 N-GQDs/graphene 的 CV 图和商品化 Pt/C 的 CV 图[39]
（a）N-GQDs/graphene 的 CV 图；（b）商品化 Pt/C 的 CV 图

4. 上转换性质

GQDs 的上转换性质是由 Shen 等[20] 在 2011 年首次报道的。他们发现以 980 nm 光源激发 GQDs，其在 525 nm 处出现了荧光发射峰，且随着激发波长从 600 nm 向 800 nm 移动，该发射峰从 390 nm 移动到 468 nm（图 3.5）。他们推测该上转换性质主要是有反 Stokes 发光引起的，即当大量低能级的光子激发了 π 轨道上的电子，π 电子在高能级的 LUMO 和低能级的 HOMO 间跃迁，当电子回到 σ 轨道时产生了上转换发光。Zhuo 等[21] 则持有不同的观点，他们认为 GQDs 的上转换性质是在多光子激发过程中产生的。

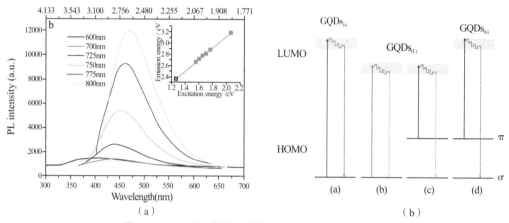

图 3.5 GQD 析上转换发光性质和各电子跃迁的机理图

（a）GQDs 的上转换发光性质；（b）GQDs 各电子跃迁的机理图[23]

5.生物相容性

作为荧光纳米材料，GQDs 的生物相容性是评判其是否适用于生物分析的重要因素。目前，已有的许多实验结果表明 GQDs 的生物相容性好、细胞毒性低，适用于生物分析。如 Nurunnabi 等[22]用 GQDs 喂养包括 KB、MDA-MB231、A549 癌细胞和 MDCK 正常细胞在内的多种细胞。实验结果表明在测试范围内 GQDs 均无毒性。长期在体观察发现通过静脉注射的 GQDs 主要集中在肝脏、脾脏、肾脏和肿瘤位置。对实验老鼠的血液进行分析，结果也表明 GQDs 对老鼠无害，且连续 21 天以 5 μg/mL 和 10 μg/mL 的剂量注射到实验老鼠体内，发现其器官未受破坏和损伤。Yang 等[13]用 3-(4，5- 二甲基 -2- 噻唑基)-2，5- 二苯基四氮唑溴化物（MTT）法考察了人骨肉瘤 MG-63 细胞在 GQDs 溶液中的存活率，发现即便是在 150 μL 含有 400 μg GQDs 的培养基中细胞的存活率仍高于 80%（图 3.6），这说明 GQDs 的细胞毒性低，可用于生物成像和医药中。此外，干细胞、海拉细胞、MC3TC3 细胞、人乳腺癌细胞 MCF-7 等细胞都有被用于 GQDs 的毒性考察，结果均表明 GQDs 的生物毒性小，生物相容性好。

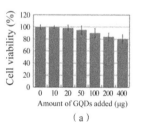
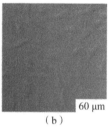
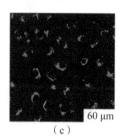
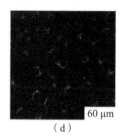

图 3.6 GQD 树 MG-63 细胞活性的影响及细胞在明场激发下的细胞成像

（a）GQDs 对 MG-63 细胞活性的影响；细胞在明场（b）、405 nm 激发（c）和 488 nm 激发（d）下的细胞成像[13]

3.2.3 石墨烯量子点的制备方法

已有的 GQDs 主要是通过调节粒径和控制表面化学性质两条途径来制备的。通常，调节粒径的方法分为自上而下法和自下而上法（图 3.7）[23]。其中自上而下法是将大块状的石墨烯基材料通过化学或物理手段切割成小片状的 GQDs；而自下而上法则是由有机小分子经自组装、聚合、脱水、碳化等过程合成 GQDs。自上而下法的原料来源较广、操作简单、适用于批量生产，得到的 GQDs 表面富含含氧基团、水溶性好、易于后期功能化，但是它们的粒径和形貌不易控制。相比之下，自下而上法可以调控产物的粒径和形貌，但合成过程相对复杂繁琐、原料不易得到，产物水溶性较差。另一方面，调控 GQDs 表面化学性能主要有两种途径：①通过后期加入还原剂、聚乙二醇或氨基化合物将表面的含氧基团转换成羟基或者氨基；②掺杂异原子取代共轭体系中的 C 原子，改变 GQDs 的电荷密度和电荷分布。研究发现以上两条途径都能很好地提高 GQDs 的荧光量子产率，改变它们的光学、电学性能，并有望产生新的功能。

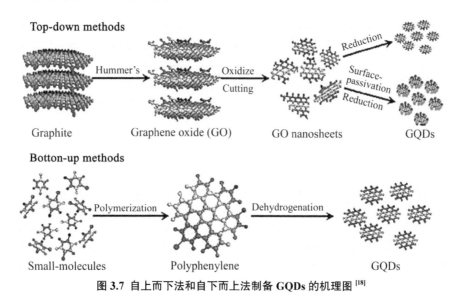

图 3.7 自上而下法和自下而上法制备 **GQDs** 的机理图 [18]

3.3 新型荧光纳米传感材料 g-C$_3$N$_4$

3.3.1 概述

1989 年，Liu 和 Cohen 等通过理论推断，发现类似于 β-Si$_3$N$_4$ 结构的 β-C$_3$N$_4$ 新型化合物，可能是硬度与金刚石类似的超硬新材料，引发了科研工作者的兴趣。随后的大量理论和实验研究结果表明这类材料不仅硬度高、耐磨性好，还有热导系数高、禁带宽等优良性质,是新一代高性能光电催化半导体材料。1996 年,Teter 和 Hemley 等用共轭梯度法计算了 C_3N_4,发现它有许多构型的同素异形体。同时,随着理论研究和实验的发展,人们发现了大量的 C_3N_4 同素异形体,包括 α 相、β 相、立方相、准立方相、四方相、单斜相和石墨相等[24]。g-C_3N_4 主要由均三嗪结构和三均三嗪为单体的两种结构组成(图 3.8)[25],它的平面结构由 sp^2 杂化的 C—N 共价键形成平面 π 共轭层,环与环之间通过 N 原子连接成无限扩展的平面,层与层之间通过范德华力结合。g-C_3N_4 有良好的热稳定性、化学稳定性、生物相容性、低毒性和优良的光电催化活性,成为新一代碳基功能材料。

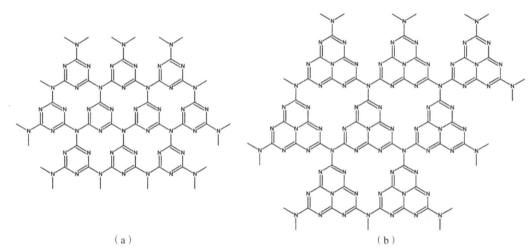

（a） （b）

图 3.8 单体为均三嗪和三均三嗪结构的 g-C_3N_4 同素异形体[25]

（a）三嗪;（b）三均三嗪

3.3.2 g-C_3N_4 纳米传感材料的性质

不同于石墨烯,g-C_3N_4 材料富含氮元素,N 比 C 多一个电子。因为其特殊的三均三嗪结构,g-C_3N_4 材料含有四种显著的特性:富电子性、氢键结合位点、路易斯酸结合位点和布朗特碱结合位点[25, 26]（图 3.9）。g-C_3N_4 材料是一种块状荧光材料,在紫外灯下发射蓝色荧光。同时因为小尺寸效应、表面效应、宏观隧道效应和量子限域效应等独特性质,g-C_3N_4 纳米材料增加了一系列新的理化性质。与有机染料和传统的 CdSe QDs 相比,g-C_3N_4 纳米材料不仅具有良好的荧光性质,还具有良好的热稳定性、化学稳定性、光稳定性、低毒性、生物相容性和光催化性质[27, 28]。

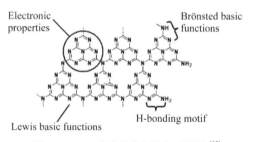

图 3.9 C_3N_4 作为催化剂的多功能性[25]

1. 热稳定性

研究表明,不同于其他有机材料和聚合物材料,g-C$_3$N$_4$ 不仅硬度高,还具有非常高的热稳定性,在空气中加热至 600℃ 也不会分解。高温剥离法制备 g-C$_3$N$_4$ 纳米材料时,升温至 500℃,块状 g-C$_3$N$_4$ 的 C—N 层间的范德华力逐渐消失,但剥离下来的 g-C$_3$N$_4$ nanosheets 能很好地保持 g-C$_3$N$_4$ 的完整结构特征。g-C$_3$N$_4$ 在 630℃ 开始升华、分解,在 750℃ 的高温下才会完全分解[29]。

2. 化学稳定性

与石墨烯易氧化还原的性质不同,g-C$_3$N$_4$ 的化学稳定性很好。在一般的溶剂如水、丙酮、乙醇、吡啶、乙腈、二氯甲烷、冰醋酸和弱碱溶液中放置一个月,其理化性质几乎没有任何改变。因此,溶剂辅助的超声剥离法能得到晶型较为完整的纳米片。

3. 光学性质

(1)紫外吸收和荧光特性

块状 g-C$_3$N$_4$ 的带隙为 2.7 eV,在 420 nm 处有一明显的带隙吸收峰。不同的原料和热聚合温度,会产生不同的内部结构、堆积方式和缺陷而影响 g-C$_3$N$_4$ 的紫外吸收光谱[30]。同时,不同的修饰方法,如质子化,硫元素掺杂会引起吸收光谱蓝移,硼元素、氟元素掺杂,与巴比妥酸共反应会引起吸收光谱的红移。块状 g-C$_3$N$_4$ 的荧光发射峰一般在 465 nm 左右,为蓝色荧光,且不随激发光谱的改变而改变。不同的块状 g-C$_3$N$_4$ 材料制备成 g-C$_3$N$_4$ 纳米材料时会有不同的紫外吸收和荧光发射光谱。一般 g-C$_3$N$_4$ 纳米材料的吸收光谱与块状 g-C$_3$N$_4$ 类似,均为蓝色荧光。而且伴随其尺寸减小,g-C$_3$N$_4$ 纳米材料的吸收带会蓝移,荧光也随之蓝移。g-C$_3$N$_4$ nanosheets 的荧光发射峰大约在 440 nm,在不同的激发光谱下保持不变。当粒径进一步减小时,部分 g-C$_3$N$_4$ nanodots 的荧光发射峰会保持 440 nm,部分会进一步蓝移。其中,部分粒径、厚度均一的 g-C$_3$N$_4$ nanodots 的荧光发射光谱仍旧不受激发光谱影响[31, 32];部分 g-C$_3$N$_4$ nanodots 的荧光发射光谱会随着激发光谱的红移而红移。因为 g-C$_3$N$_4$ 纳米材料的表面富含氨基,合成过程会在其表面引入新的功能团,如羧基和羟基,所以 g-C$_3$N$_4$ 纳米材料的荧光光谱在不同 pH 条件下会因为氨基和羧基的质子化与去质子化而改变[33](图 3.10)。

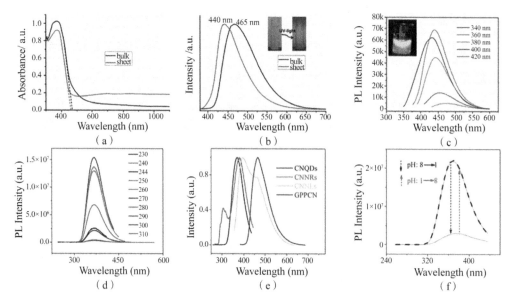

图3.10　g-C₃N₄的紫外吸收和荧光特性

块状 g-C₃N₄ 和 g-C₃N₄ nanosheets 的（a）紫外吸收光谱和（b）荧光发射光谱；（c）水热法和（d）化学裁剪法得到的 g-C₃N₄ QDs 在不同激发光下的荧光光谱；（e）g-C₃N₄ 块状材料、量子点、纳米树叶、纳米棒的荧光光谱；（f）g-C₃N₄ QDs 在不同 pH 溶液中的荧光光谱

（2）上转换荧光

因为双光子成像对生物样品的光损伤小、成像时间长和穿透深度深等优点，制备具有双光子吸收（two-photo absorption，TPA）性质的荧光成像探针一直是生物成像的研究热点。近年来，研究发现碳基荧光纳米材料如碳点和石墨烯量子点具有 TPA 性质，被广泛应用于细胞成像。2014 年，Zhang 等 [34] 首次报道了以氨水为溶剂，水热法制备了具有 TPA 性质的单层 g-C₃N₄QDs。得到的 g-C₃N₄ QDs 的 C—N 层中具有 π 共轭电子结构和刚性的 C—N 平面，且单层的 g-C₃N₄ QDs 具有的 TPA 活性更高，在多光子激发过程中产生荧光。他们用 780 nm 的红色激光激发 g-C₃N₄ QDs，能发射出绿色荧光（图 3.11）。

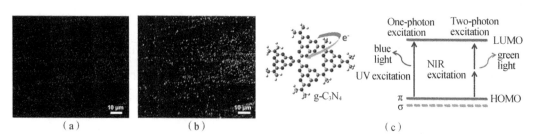

图3.11　激光激发 g-C₃N₄ QDs 所得实验数据及机理图

分散在玻片上的 g-C₃N₄ QDs 的（a）单光子和（b）双光子荧光成像；
（c）g-C₃N₄ QDs 单光子和双光子激发发光的机理图 [34]

（3）化学发光

化学发光（Chemiluminescence，CL）是物质在进行化学反应的过程中伴随的一种光辐射现象。CL 法因操作简单、灵敏度高、线性范围宽、无背景信号和适用性广等特点，是分析化学检测的一种常用方法。传统的 CL 主要局限于有机发光小分子体系，近年来，随着半导体纳米材料的出现，CdTe QDs 和碳点体系主要应用于 CL 体系。2014 年，Tang 等 [35] 用微波法合成 g-CNQDs，在 ClO^- 存在，pH 高于 9 时，g-CNQDs 会发射 555 nm 的绿色荧光。他们首次将合成的 g-CNQDs 用于实际水样中 Cl^- 的检测。此方法灵敏度高、选择性好。2015 年，Fan 等 [36] 在铁氰化钾存在时，将其作为空穴载体，$g-C_3N_4$ QDs 会产生强 CL，发射 550 nm 的绿色荧光，并将 g-CNQDs 用于多巴胺（DOPA）的检测。他们提出 CL 的产生是因为 $g-C_3N_4$ QDs 表面有许多缺陷，形成了许多比内核能带大的能带。所以许多 CL 会比光致发光（photoluminescence，PL）红移。Hossein 等 [37] 提出了不一样的机理，认为 $g-C_3N_4$ QDs 的 CL 与 PL 发光中心相同，都是激发态 $g-C_3N_4$ QDs 产生的，均发射 505 nm 的荧光，并用于 Hg^{2+} 的检测。

（4）电致化学发光

电致化学发光（ECL）结合了电化学技术和化学发光技术。ECL 分析法具有灵敏度高、选择性好、线性范围宽、背景信号低、成本低、仪器设备简单、操作简便等优点，广泛应用于生物、医学、药学、环境、食品等领域。2012 年，Cheng 等 [38] 首次报道了 $g-C_3N_4$ 的 ECL 性质。在硫酸钾和 $S_2O_8^{2-}$ 溶液中，电还原的 $g-C_3N_4$ 与共反应物 $S_2O_8^{2-}$ 作用产生激发态 $g-C_3N_4^*$，$g-C_3N_4^*$ 回到基态时发射出 470 nm 的蓝色荧光，与之光致发光光谱一样，说明两者产生的激发态一样。随后，Chen 等 [39] 报道了用 $g-C_3N_4$ nanosheets 与共反应物 $S_2O_8^{2-}$ 作用产生 ECL 现象。其 ECL 机理如下：阴极极化会将电子传递到 $g-C_3N_4$ nanosheets 的导带（CB）上，生成具有较强氧化性的 $g-C_3N_4^-$；同时，共反应物如溶解氧（O_2）、过氧化氢（H_2O_2）和 $S_2O_8^{2-}$ 会与形成具有强氧化性的 ·OH 和 SO_4^- 自由基；随后，$g-C_3N_4^-$ 与 ·OH 和 SO_4^- 通过电荷转移相互作用，得到激发态的 $g-C_3N_4^*$ 并产生光致发光（图 3.12，图 3.13）。$g-C_3N_4$ 纳米材料的 ECL 性质和低毒性、生物相容性等性质拓展了它在分析化学上的应用。后续还出现了以 $g-C_3N_4$ 纳米材料为发光体测定 Cu^{2+}、Ni^{2+}、DNA、蛋白质、维生素 P 等的研究报道。同时，也有研究结合 $g-C_3N_4$ 纳米材料与其他纳米材料，增强 ECL 活性，如金纳米粒子引起的表面等离子共振提高了 $g-C_3N_4$ 捕获和储存电子的能力，通过与其他促进电子和空穴传递的石墨烯和 TiO$_2$ 等结合,可进行卡那霉素和抗氧化剂的检测。

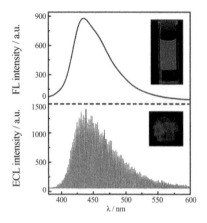 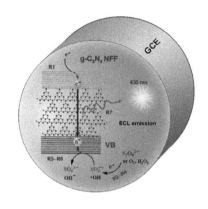

图 3.12 g-C$_3$N$_4$ nanosheets 的荧光和 ECL 光谱　图 3.13 g-C$_3$N$_4$ nanosheets 与其共反应物的 ECL 机理图[39]

4. 催化活性

因为 g-C$_3$N$_4$ 纳米材料独特的电子结构,优异的化学稳定性,低毒性,宽的带隙,大的比表面积,较多的活性位点和快速的电子-空穴分离速率,使其具备了优异的光电催化活性。

5. 生物相容性

目前,已经有很多实验结果验证了 g-C$_3$N$_4$ 纳米材料的低毒性和良好的生物相容性,适用于生物分析检测和癌症治疗。2011 年,Zhang 等[40] 考察了 g-C$_3$N$_4$ nanosheets 对海拉细胞的存活率影响情况。他们用 3-(4,5- 二甲基 -2- 噻唑基)-2,5- 二苯基四氮唑溴化物（MTT）法考察了海拉细胞的活性,发现即使在 g-C$_3$N$_4$ nanosheets 的浓度高达 600 μg/mL 时,海拉细胞仍能保持 95% 以上的活性（图 3.14,图 3.15）。2014 年,Zhang 等[41] 考察了 g-C$_3$N$_4$ nanodots 对 HepG2 肝癌细胞、HEK293A 人肾上皮细胞和 HUVEC 人脐静脉血管内皮细胞的细胞活性的影响,发现在 g-C$_3$N$_4$ nanodots 的浓度为 500 μg/mL 时,三种细胞均没有产生明显的凋亡。Oh 等[42] 用 MTT 法考察了 O-g-C$_3$N$_4$ nanodots 在 RAM 264.7 巨噬

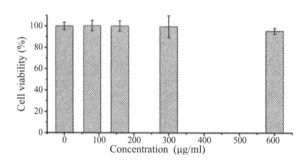

图 3.14　g-C$_3$N$_4$ nanosheets 对海拉细胞的活性影响

细胞中的细胞活性，发现在 O-g-C$_3$N$_4$ nanodots 的浓度为 100 μg/mL 时，巨噬细胞仍保存 87.2 ± 5.6% 的存活率。以上研究均表明 g-C$_3$N$_4$ 纳米材料具有低毒性和良好的生物相容性。

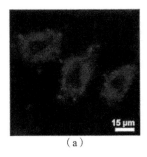 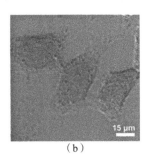

（a）　　　　　　　　　　　　　（b）

图 3.15　细胞与 g-C$_3$N$_4$ nanosheets 培养 1 h 后在暗场和明暗场下的荧光共聚焦成像[40]
（a）暗场；（b）明暗场

3.3.3 g-C$_3$N$_4$ 纳米材料的制备方法

g-C$_3$N$_4$ 纳米材料主要分为 g-C$_3$N$_4$ nanosheets 和 g-C$_3$N$_4$ nanodots 两种。g-C$_3$N$_4$ nanosheets 是指侧面尺寸为亚微米或微米尺寸而厚度仅为纳米尺寸的 g-C$_3$N$_4$ 二维结构。g-C$_3$N$_4$ 的面内结构由 C—N 共价键结合而成，C—N 片层之间仅由较弱的范德华力联结，通过化学法或机械剥离法可破坏 C—N 片层间的范德华力得到 g-C$_3$N$_4$ nanosheets。关于 g-C$_3$N$_4$ nanodots 没有明确的定义，一般指尺寸不大于 20 nm，有 g-C$_3$N$_4$ 特征结构类球形 g-C$_3$N$_4$ 纳米材料。目前报道的制备 g-C$_3$N$_4$ 纳米材料的方法与合成石墨烯及石墨烯的量子点的方法类似，主要分为自上而下法和自下而上法（图 3.16）[43]。自上而下法是将块状的 g-C$_3$N$_4$ 材料通过物理剥离或化学法切割分离成单层或纳米级厚度的 g-C$_3$N$_4$ 纳米材料；自下而上法是通过有机小分子的分解、脱水、脱氨基、聚合等过程自组装成各向异性的具有 g-C$_3$N$_4$ 特征结构的纳米材料。自上而下法成本低、耗时、产率不高、合成简单且需要合成块状 g-C$_3$N$_4$，得到的 g-C$_3$N$_4$ nanosheets 纯度高、厚度薄、完整性好，但水溶性较差。得到的 g-C$_3$N$_4$ nanodots 的产率相对较低、纯度高、水溶性好、表面功能基团多；相比之下，自下而上法的原料来源广、成本低、合成简单、易于控制、适于批量生产，得到的 g-C$_3$N$_4$ nanosheets/nanodots 的产率高、粒径均一、纯度高、表面易于功能化。

图 3.16　自上而下法和自下而上法制备 g-C$_3$N$_4$ 纳米材料的示意图[43]

3.4 荧光纳米传感在食品安全检测中的应用

基于荧光纳米材料的生物传感器技术已成为食品安全领域新的研究热点,用来检测基质中化学残留、毒素、有机污染物、致癌物等生化成分。量子点作为独特的荧光纳米材料,应用于荧光传感器,可显著增强化学／生物传感器的检测特性,被广泛用于生物医药、食品安全、环境分析等领域。基于量子点的荧光传感器在食品安全的微生物污染、化学性污染以及食品惨假等的快速检测中也得到了一些应用。

3.4.1 食品中微生物污染的检测

量子点标记检测目标细菌、病毒等食品中的微生物污染成分,灵敏度高、特异性强,且操作时间较短,不易受样品基质的影响。相关的文献已有较多报道。

在单种食源性致病菌检测中,Megan 等[44]利用链霉亲和素修饰的 CdSe/ZnS 核壳型量子点作为荧光光标记探针,检测 $O_{157}:H_7$ 血清型菌体,结果对比发现其检测灵敏度为 2.08×10^7 CFU/mL,比使用普通有机荧光染料异硫氰酸荧光素要高出两个数量级。Tully等利用量子点标记抗体,通过检测单增李斯特菌表面的结合蛋白而建立了检测该菌的荧光免疫传感器。这说明量子点作为荧光标记物用于快速检测比常规染料具有更高的灵敏性。

由于量子点的多色可选且可被同一光源激发,在食源性致病菌的快速检测中,利用多元量子点作为多种荧光标记物,采用荧光免疫分析方法同步检测多元致病菌已取得比较好的实验室成果。优势是既可缩短检测时间,提高效率,又可降低成本,提高高通量筛查的能力。Xue 等[45]利用水溶性量子点作为荧光标记在 $1 \sim 2$ h 内对 E.coli $O_{157}:H_7$ 和 S.aureus进行快速检测。有学者应用荧光标记的传感器,通过间接检测病原菌产生的毒素,实现对病原菌的定量。Goldman 等[46]将核－壳结构的 CdSe/ZnS 量子点与抗体结合,利用直接与间接化 ELISA 方法分别对葡萄球菌肠毒素和 2,4,6- 三硝基甲苯(TNT)进行了荧光免疫分析,灵敏度非常高。他们还用量子点标记的夹心免疫法同时定量分析检测霍乱毒素、蒽麻毒素、志贺样毒素 1、葡萄球菌肠毒素 B 等 4 种毒素的混合物。

3.4.2 食品掺杂和化学性污染的检测

1. 食用油检测

食品的掺假和作伪已成为食品安全的主要问题。2011 年，在我国爆发的"地沟油"事件，即非法食用油掺假问题，已构成了严重的食品安全问题，损害了民众对我国食品安全的信任。研究表明，长期摄取"地沟油"掺假或污染的劣质食用油可能导致严重的疾病，包括癌症。目前的检测方法不能满足对掺假食用油的在线或现场检测的要求。目前国内外已有研究报道，将传感器应用于油脂的分析和检测。对于劣质食用油的鉴别，朱敬坤等设计了一款以电容传感器为基础的食用油品质检测仪，将介电常数大小转换成电容大小，实现了煎炸老油极性组分含量的简便、快速检测。传感器如电子鼻、试纸条等已被报道用于分类和鉴定不同种类的食用油。实验研究表明，油中的某些组分或污染物，如重金属离子、自由基、吸电子基团以及碳碳共轭双键物质等，能够引起量子点的猝灭，不同掺杂比例的劣质食用油中含有不同浓度的猝灭剂，从而引起不同程度的荧光猝灭，宏观上表现出不同的荧光强度，由此建立猝灭率与劣质食用油中"地沟油"掺杂比例之间的定量关系。徐等利用水溶性 CTAB 功能化 CdSe/ZnS 量子点荧光猝灭传感器建立劣质食用油的快速传感检测方法，可在 2 min 内对掺假 0.4% 及以上的劣质食用油进行快速鉴别，具有很大的现场应用前景。许琳和张兆威制备了用于粮油中黄曲霉毒素检测的 2 种水溶性量子点（石墨烯量子点和碳量子点）探针，与抗黄曲霉毒素的单克隆抗体进行偶联，证明了量子点探针在黄曲霉毒素免疫检测中应用的可行性。将此探针应用于黄曲霉毒素免疫试纸条的制作，进而应用于粮油中黄曲霉毒素的免疫检测。

2. 农残检测

目前量子点检测农药残留的方式主要分为三种类型：

（1）首先是基于农药可使量子点荧光猝灭原理直接检测农药的方式。黄珊等采用油相 CdSe/ZnS 量子点直接检测农药水胺硫磷，线性范围为 $4.72 \times 10^{-7} \sim 7.08 \times 10^{-5}$ mol/L，检测限为 2.5×10^{-7} mol/L，在实际样品检测中也有很好的表现。刘正清等以谷胱甘肽（GSH）为稳定剂合成水相 ZnSe 量子点，可用于直接检测农药敌磺钠，线性范围为 $6.69 \times 10^{-7} \sim 2.23 \times 10^{-4}$ mol/L，检测限为 2.01×10^{-7} mol/L，可用于自来水中农药残留的检测。

（2）其次是以量子点为荧光探针与其他技术联用来检测农药。Sun 等[47]通过对接枝的方式将以甲基对磷硫为模板分子的分子印迹聚合物成功聚合在核—壳结构的量子点 CdSe@SiO$_2$ 表面，当 MIPs 重新吸附模板分子时荧光强度降低。该荧光传感器的线性范围为 0.013～2.63 μg/mL，检出限达 0.004 μg/mL，低于传统 MIPs。在没有其他有机磷农药的干扰下，该传感器对实际蔬菜样品展现出了良好的适用性。Ge 等[48]首先制备 CdTe 量子点并采用沉淀聚合法制备以溴氰菊酯为模板分子，丙烯酰胺（AM）为功能单体，EGDMA 为交联剂的 MIPs，然后采用层层自组装的方法，先在形状类似 96 孔微孔板底部的载玻板上用 CdTe 量子点改性，然后在其上再使用 MIPs 改性，得到可检测溴氰菊酯的化学发光传感器。该传感器的线性范围为 1.05×10^{-7}～9.20×10^{-5} mol/L，检出限为 3.56×10^{-8} mol/L，在实际样品检测中表现出色。

（3）还有就是利用荧光内滤效应或者荧光共振能量转移（FRET）来进行农药的检测。近年来，利用荧光内滤效应检测微痕量物质得到了很大的关注。Guo 等[49]合成了 CdTe QDs 和适当波长的 AuNPs，将其混合后，CdTe 发出的荧光被纳米金吸收。往体系中加入农药丹巴后，纳米金与之发生作用而聚集，从而使得 CdTe 的荧光得到恢复，机理如图 3.15 所示。检测线性范围为 0.01～0.50 μg/mL，检测限为 8.24×10^{-3} μg/mL。Zhang 等[50]开发了表面配位 FRET 传感器，通过分析物的加入发生配体置换，从而荧光得到恢复，达到检测的目的。他们采用双硫脲配体在 CdTe QDs 表面配位，由于 FRET 机制，量子点荧光猝灭。在加入有机磷农药后，农药的水解产物将会取代量子点配体双硫脲，从而荧光得到恢复。利用此原理，对毒死蜱的检测线性范围为 0.1 nmol/L～10 μmol/L，检测限约为 0.1 nmol/L。

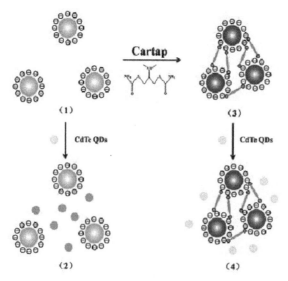

图 3.15 基于 AuNPs 和 CdTe 量子点的内滤效应检测农药丹巴的机理[49]

3.4.3 荧光量子点应用于食品成分的分析检测

检测基质复杂食品中各种成分的含量,分析其吸收代谢机制对食品的品质以及对于人体的利用价值都具有重要意义。利用生物大分子(如糖类、蛋白质、酶)对量子点荧光性质的改变,可建立以量子点为基础的敏感性高、特异性强、响应速度快的检测方法,而且利用量子点的多色性、优异的光学性质可以对多组分标记,及时监测物质的变化,从而探究营养物质间的相互作用以及揭示这些物质在吸收代谢中与人体细胞的作用机理,将为改善食品品质、提高营养价值提供理论依据。

1. 糖类

葡萄糖的检测是食品分析中的重要内容之一。近来很多研究者开始将以量子点为基础的光学传感体系应用于葡萄糖的检测。Cavaliere-Jaricot[51]、Huang 等[52] 分别利用酶催化葡萄糖氧化产生过氧化氢和产酸变化对量子点荧光发射的猝灭作用来检测葡萄糖。Duong 等[53] 用葡萄糖氧化酶和辣根过氧化酶对连接有巯基丙酸的量子点进行功能化处理,通过从量子点到酶促反应的荧光共振能量转移使量子点发生猝灭来实现检测,但是检测灵敏度不高(0.1 mmol/L)。Yuan 等[54] 建立了一种简单、灵敏的方法,用谷胱甘肽包裹的 CdTe 量子点完成葡萄糖与对应酶的识别检测,最低检测限达到 0.1 μmol/L。

2. 蛋白质

蛋白质是食品中最重要的营养物质之一,研究不同蛋白质之间的相互作用以及蛋白质与其他物质间的相互作用机理具有重要意义,基于量子点对蛋白质相互作用的研究也从生物学、生物医学向食品领域渗透。Wang 等[55] 用量子点的共振能量转移原理,进行蛋白－蛋白的特异性结合研究。而基于量子点自身与蛋白质的相互作用对其荧光性的影响也可以用来检测蛋白质的含量。如 Wang 等[56] 检测卵清蛋白和 Tortiglione 等[57] 对牛血清白蛋白(BSA)进行的定量检测。胡卫平等[58] 对比了 CdS 量子点荧光光度法与双缩脲法对牛奶、蛋清中的蛋白质测定,检测结果基本一致。由于量子点与蛋白质之间会发生能量转移。黄珊等[59] 使用 CdSe 量子点,采用共振光散射法建立了简单、快速检测溶菌酶的方法。Cai 等[60] 运用量子点作为荧光探针,采用共振瑞利散射的方法检测鸡蛋蛋白中的溶菌酶,其检测限为 6.5×10^{-10} g/mL,此方法相比于传统的方法更加快速、方便且灵敏度高。

3.4.4 展望

随着科学技术的不断发展,食品分析检测技术也在不断发展、更新和完善,尤其是快速、灵敏、便捷的检测技术才更能适应现代社会的快节奏。量子点作为近年来一种很有发展潜力的新型荧光探针,以其独特的光学性质在分析检测中显示出明显的优越性。基于量子点荧光特性建立生物传感器是提高检测速度和效率的有效手段。同时,量子点荧光探针将促使生物传感器的微型化发展,有望制备响应速度快、灵敏度高的试剂盒,充分发挥量子点分析检测的优势。另外,基于量子点与食品中主要成分的相互作用产生的荧光特性变化,可对食品的主要成分进行检测、标识和动态追踪,探究这些物质的作用机理,对人体所需营养物质的代谢吸收具有重要意义。总之,量子点作为一种新型荧光探针,将会在食品领域有着更广泛的应用价值和发展前景。

参考文献

[1] JIANG F, CHEN D Q, LI R M, et al. Eco-friendly synthesis of size-controllable amine-functionalized graphene quantum dots with antimycoplasma property [J]. Nanoscale, 2013, 5: 1137.

[2] HU C F, LIU Y L, YANG Y H, et al. One-step preparation of nitrogen-doped graphene quantum dots from oxidized debris of graphene oxide [J]. Journal of Materials Chemistry B, 2013, 1: 39.

[3] TANG L B, JI R B, CAO X K, et al. Deep ultraviolet photoluminescence of water-soluble self-passivated graphene quantum dots [J]. ACS Nano, 2012, 6: 5102.

[4] JIN S H, KIM D H, JUN G H, et al. Tuning the photoluminescence of graphene quantum dots through the charge transfer effect of functional groups [J]. ACS Nano, 2013, 7: 239.

[5] LI L L, JI J, FEI R, et al. A facile microwave avenue to electrochemiluminescent two-color graphene quantum dots [J]. Advanced Functional Materials, 2012, 22: 2971.

[6] ZHANG M, BAI L L, SHANG W H, et al. Facile synthesis of water-soluble, highly fluorescent graphene quantum dots as a robust biological label for stem cells [J]. Journal of Materials Chemistry, 2012, 22: 7461.

[7] YANG S W, SUN J, HE P, et al. Selenium doped graphene quantum dots as an ultrasensitive redox fluorescent switch [J]. Chemistry of Materials, 2015, 27: 2004.

[8] TAN X Y, LI Y C, LI X H, et al. Electrochemical synthesis of small-sized red fluorescent graphene quantum dots as a bioimaging platform [J]. Chemical Communications, 2015, 51: 2544.

[9] LI L P, RONG M C, LUO F, et al. Luminescent graphene quantum dots as new fluorescent

materials for environmental and biological applications [J]. TrAC-Trends in Analytical Chemistry, 2014, 54: 83.

[10] DAI Y Q, LONG H, WANG X T, et al. Versatile graphene quantum dots with tunable nitrogen doping [J]. Particle & Particle Systems Characterization, 2014, 31: 597.

[11] DONG Y Q, SHAO J W, CHEN C Q, et al. Blue luminescent graphene quantum dots and graphene oxide prepared by tuning the carbonization degree of citric acid [J]. Carbon, 2012, 50: 4738.

[12] YANG F, ZHAO M L, ZHENG B Z, et al. Influence of pH on the fluorescence properties of graphene quantum dots using ozonation pre-oxide hydrothermal synthesis [J]. Journal of Materials Chemistry, 2012, 22: 25471.

[13] ZHU S J, ZHANG J H, QIAO C Y, et al. Strongly green-photoluminescent graphene quantum dots for bioimaging applications [J]. Chemical Communications, 2011, 47: 6858.

[14] ZHU S J, ZHANG J H, TANG S J, et al. Surface chemistry routes to modulate the photoluminescence of graphene quantum dots: from fluorescence mechanism to up-conversion bioimaging applications [J]. Advanced Functional Materials, 2012, 12: 4732.

[15] LI L L, JI J, FEI R, et al. A facile microwave avenue to electrochemiluminescent two-color graphene quantum dots [J]. Advanced Functional Materials, 2012, 22: 2971.

[16] LI Y, ZHAO Y, CHENG H H, et al. Nitrogen-doped graphene quantum dots with oxygen-rich functional groups [J]. Journal of the American Chemical Society, 2012, 134: 15.

[17] QU D, SUN Z C, ZHENG M, et al. Three colors emission from S, N co-doped graphene quantum dots for visible light H_2 production and bioimaging [J]. Advanced Optical Materials, 2015, 3: 360.

[18] LIU Y, WU P Y. Graphene quantum dot hybrids as efficient metal-free electrocatalyst for the oxygen reduction reaction [J]. ACS Appllied Materials & Interfaces, 2013, 5: 3362.

[19] FEI H L, YE R Q, YE G L, et al. Boron- and nitrogen-doped graphene quantum dots/ graphene hybrid nanoplatelets as efficient electrocatalysts for oxygen reduction [J]. ACS Nano, 2014, 8: 10837.

[20] SHEN J H, ZHU Y H, CHEN C, et al. Facile preparation and upconversion luminescence of graphene quantum dots [J]. Chemical Communications, 2011, 47: 2580.

[21] ZHUO S J, SHAO M W, LEE S T, et al. Upconversion and downconversion fluorescent graphene quantum dots: ultrasonic preparation and photocatalysis [J]. ACS Nano, 2012, 6: 1059.

[22] NURUNNABI M, KHATUN Z, HUH K M, et al. In vivo biodistribution and toxicology of carboxylated graphene quantum dots [J]. ACS Nano, 2013, 7: 6858.

[23] SHEN J H, ZHU Y H, YANG X L, et al. Graphene quantum dots: emergent nanolights for

bioimaging, sensors, catalysis and photovoltaic devices [J]. Chemical Communications, 2012, 48: 3686.

[24] LIU A Y, WENTZCOVITCH R M. Stability of carbon nitride solids [J]. Physical Review B 1994, 50: 10362.

[25] THOMAS A, FISCHER A, GOETTMANN F, et al. Graphitic carbon nitride materials: variation of structure and morphology and their use as metal-free catalysts [J]. Journal of Materials Chemistry 2008, 18: 4893.

[26] ZHU J, XIAO P, LI H, et al. Graphitic carbon nitride: synthesis, properties, and applications in catalysis [J]. ACS Appllied Materials & Interfaces 2014, 6: 16449.

[27] CAO S, LOW J, YU J, et al. Polymeric photocatalysts based on graphitic carbon nitride [J]. Advanced Materials 2015, 27: 2150.

[28] ZHENG Y, LIN L, WANG B, et al. Graphitic carbon nitride polymers toward sustainable photoredox catalysis [J]. Angewandte Chemie International Edition 2015, 54: 12868.

[29] WANG Y, WANG X, ANTONIETTI M, et al. Polymeric graphitic carbon nitride as a heterogeneous organocatalyst: from photochemistry to multipurpose catalysis to sustainable chemistry [J]. Angewandte Chemie International Edition 2012, 51: 68.

[30] YAN S C, LI Z S, ZOU Z G, et al. Photodegradation performance of g-C_3N_4 fabricated by directly heating melamine [J]. Langmuir 2009, 25: 10397.

[31] ZHOU Z, SHEN Y, LI Y, et al. Chemical cleavage of layered carbon nitride with enhanced photoluminescent performances and photoconduction [J]. ACS Nano 2015, 9: 12480.

[32] ZHANG S, LI J, ZENG M, et al. Polymer nanodots of graphitic carbon nitride as effective fluorescent probes for the detection of Fe^{3+} and Cu^{2+} ions [J]. Nanoscale 2014, 6: 4157.

[33] CHEN L, HUANG D, REN S, et al. Preparation of graphite-like carbon nitride nanoflake film with strong fluorescent and electrochemiluminescent activity [J]. Nanoscale 2013, 5: 225.

[34] ZHANG X, WANG H, WANG H, et al. Single-layered graphitic-C_3N_4 quantum dots for two-photon fluorescence imaging of cellular nucleus [J]. Advanced Materials 2014, 26: 4438.

[35] TANG Y, SU Y, YANG N, et al. Carbon nitride quantum dots: a novel chemiluminescence system for selective detection of free chlorine in water [J]. Analytical Chemistry 2014, 86: 4528.

[36] CHEN R, ZHANG J, WANG Y, et al. Graphitic carbon nitride nanosheet@metal-organic framework core-shell nanoparticles for photo-chemo combination therapy [J]. Nanoscale 2015, 7: 17299.

[37] ABDOLMOHAMMAD-ZADEH H, RAHIMPOUR E. A novel chemosensor based on graphitic carbon nitride quantum dots and potassium ferricyanide chemiluminescence system for Hg(II) ion detection [J]. Sensors and Actuators B: Chemical 2016, 225: 258.

[38] CHENG C, HUANG Y, TIAN X, et al. Electrogenerated chemiluminescence behavior of graphite-like carbon nitride and its application in selective sensing Cu^{2+} [J]. Analytical Chemistry, 2012, 84: 4754.

[39] CHEN L, HUANG D, REN S, et al. Preparation of graphite-like carbon nitride nanoflake film with strong fluorescent and electrochemiluminescent activity [J]. Nanoscale 2013, 5: 225.

[40] ZHANG X, XIE X, WANG H, et al. Enhanced photoresponsive ultrathin graphitic-phase C$_3$N$_4$ nanosheets for bioimaging [J]. Journal of American Chemical Society 2013, 135: 18

[41] ZHANG X, WANG H, WANG H, et al. Single-layered graphitic-C$_3$N$_4$ quantum dots for two-photon fluorescence imaging of cellular nucleus [J]. Advanced Materials 2014, 26: 4438.

[42] OH J, YOO R J, KIM S Y, et al. Oxidized carbon nitrides: water-dispersible, atomically thin carbon nitride-based nanodots and their performances as bioimaging probes [J]. Chemistry-an Asian Journal 2015, 21: 6241.

[43] ZHANG J S, CHEN Y, WANG X C, et al. Two-dimensional covalent carbon nitride nanosheets: synthesis, functionalization, and applications [J]. Energy & Environmental Science 2015, 8: 3092.

[44] HAHN M A, TABB J S, KRAUSS T D. Detection of single bacterial pathogens with semiconductor quantum dots [J]. Analytical chemistry, 2005, 77(15): 4861-4869.

[45] XUE X, PAN J, XIE H, et al. Fluorescence detection of total count of Escherichia coli and Staphylococcus aureus on water-soluble CdSe quantum dots coupled with bacteria [J]. Talanta, 2009, 77(5): 1808.

[46] GOLDMAN E R, ANDERSON G P, TRAN P T, et al. Conjugation of luminescent quantum dots with antibodies using an engineered adaptor protein to provide new reagents for fluoroimmunoassays [J]. Analytical Chemistry, 2002, 74(4): 841.

[47] SUN Q, YAO Q, SUN Z, et al. Determination of parathion-methyl in vegetables by fluorescent-Labeled molecular imprinted polymer [J]. Chinese Journal of Chemistry, 2011, 29(10): 2134.

[48] GE S, ZHANG C, YU F, et al. Layer-by-layer self-assembly cdte quantum dots and molecularly imprinted polymers modified chemiluminescence sensor for deltamethrin detection [J]. Sensors and Actuators B-chemical, 2011, 156(1): 222.

[49] GUO J, LIU X, GAO H, et al. Highly sensitive turn-on fluorescent detection of cartap via a nonconjugated gold nanoparticle-quantum dot pair mediated by inner filter effect [J]. Rsc Advances, 2014, 4(52): 27228.

[50] ZHANG M, CAO X, LI H, et al. Sensitive fluorescent detection of melamine in raw milk based on the inner filter effect of au nanoparticles on the fluorescence of cdte quantum dots [J]. Food

Chemistry，2012，135(3): 1894.

[51] CAVALIERE-JARICOT S, DARBANDI M, KUCUR E, et al. Silicacoated quantum dots: a new tool for electrochemical and opticalglucose detection [J]. Microchimica Acta，2008，160(3): 375.

[52] HUANG C P, LIU S W, CHEN T M, et al. A new approach for quantitative determination of glucose by using CdSe/ZnS quantum dots [J]. Sensors Actuators B，2008，130(1): 338.

[53] DUONG H D, IIRHEE J. Use of CdSe/ZnS core-shell quantum dots as energy transfer donors in sensing glucose [J]. Talanta，2007，73(5): 899.

[54] YUAN J P, GUO W W, YIN J Y, et al. Glutatllione-capped CdTe quantum dots for the sensitive detection of glueose [J]. Talanta，2009，77(5): 1858.

[55] WANG S P, MAMEDOVA N, KOTOV N A, et al. Antigen/antibody inununocomplex from CdTe nanoparticle bioconjugates [J].Nano Letters，2002，2(8): 817.

[56] WANG J H, WANG H Q, ZHANG H L, et al.Photoluminescence enhancement by coupling of ovalbumin and CdTe quantum dots and its application as protein probe [J]. Colloids and Surfaces A: Physicochemical and Engineering Aspects，2007，305(1/3): 48.

[57] TORTIGLIONE C, QUARTA A, TINO A , et al. Synthesis and biological assay of GSH functionalized fluorescent quantum dots for staining Hydra vulgaris [J]. Bioconjugate Chemistry，2007，18(3):829.

[58] 胡卫平，焦嫚，董学芝，等 . CdS 量子点荧光光度法测定蛋白质的含量 [J]. 光谱学与光谱分析，2011，31(2): 444.

[59] 黄珊，肖琦，何治柯，等 . CdSe 量子点探针共振光散射法检测溶菌酶 [J]. 高等学校化学报，2009，10(30): 1951.

[60] CAI Z X, CHEN G Q, HUANG X, et al. Determination of lysozyme at the nanogram level in chicken egg white using resonanceRayleigh-scattering method with Cd-doped ZnSe quantum dots as probe [J]. Sensors and Actuators B: Chemical，2011，157(2): 368.

第*4*章
表面增强拉曼光谱技术在食品安全检测中的应用

4.1 拉曼光谱

拉曼光谱（Raman spectra）是一种散射光谱，是指当单色光投射到物质中时，被分子散射的光会发生频率改变的现象。早在 1923 年，德国科学家就预测了理论上存在频率会发生改变的散射。直到 1928 年，印度科学家 Raman[1] 在实验中发现了这一现象，并因此获得 1930 年度的诺贝尔物理学奖。具体来说，拉曼光谱可以由光子和分子之间的碰撞理论来解释。当频率一定的单色入射光照射到物质中时，会产生弹性散射及非弹性散射。通常情况下，大部分激发光的光子与物质分子相互发生碰撞时，其运动方向发生改变而能量并未发生改变，产生的散射光频率与入射光的频率一致，这种散射即为弹性散射，又被称作瑞利散射（Rayleigh scattering）。只有极少部分的激发光光子在与物质分子碰撞后不仅改变了运动方向，还改变了能量，即散射光的频率发生了变化，这种散射称为非弹性散射，又被称为拉曼散射（Raman scattering）。

用能级跃迁可以更加清楚地解释拉曼散射产生的过程，如图 4.1 所示。首先，假定物质分子初始处于电子振动能级的基态，当采用入射光照射时，激发光光子与分子会相互作用，使电子跃迁到受激虚态（virtual states）；由于受激虚态极不稳定，电子随后会立即跃迁回低能级而释放出相应能量，即为散射光。一般情况下，散射光的产生会有如图所示几种情况。图 4.1a 所示为瑞利散射（Rayleigh scattering），处于电子振动能级基态（ground state）的分子受到激发后立即跃迁回基态，这个过程没有能量的损失，分子吸收的能量与辐射出的能量相同，因此散射光的频率不会发生变化。而图 4.1b 与 4.1c 所示则为拉曼散射，其中当处于基态的分子被激发后跃迁回振动激发态（vibrational state），这种情况下散射光的频率减小，被称为斯托克斯线（Stokes）；当处于振动激发态的分子被激发后跃迁回基态，这种情况下散射光的频率增大，被称为反斯托克斯线（anti-Stokes），散射光频率增加或减少的绝对值即为拉曼位移（Raman shift）。根据散射光示意图可知，拉曼位移的大小只与分子本身的性质有关，并不受入射光频率的影响，因此拉曼光谱可以提供不同分子的结构信息。

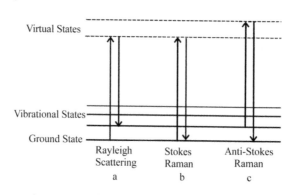

图 4.1　不同类型散射光形成示意图

拉曼光谱分析技术是以拉曼散射效应为基础而发展起来的一类表征技术，由于其无损、便捷、不受水溶剂影响、分辨率高等优点，被人们广泛应用于晶体和材料性质表征、有机分子结构鉴定以及考古鉴定等领域。由于拉曼散射信号很弱，只占总散射强度的 $10^{-10} \sim 10^{-6}$，因此难以进行痕量及微量物质的分析，限制了其在分析化学领域的广泛应用。

4.2 表面增强拉曼光谱

4.2.1 SERS 简介

1974 年，Fleischmann[2] 等进行银电极表面吡啶分子拉曼光谱的研究工作时，采用电化学方法来粗糙处理光滑银电极表面，以增大电极上吡啶分子的吸附数量。结果实验成功获得了强度增大的吡啶分子拉曼散射信号，并且发现信号的强度会随着电极所加电位的变化而改变，他们将原因归结为粗糙度越大的表面会吸附更多的吡啶分子。1977 年，科学家 Jeanmaire 与 Van Duyne、Albrecht 与 Creighton 等人重复了 Fleischmann 先前的研究工作，实验重新验证了这一现象，并且经过系统的理论计算，他们发现吡啶分子的拉曼信号是溶液中等量分子信号强度的 $10^5 \sim 10^6$ 倍；然而，用扫描电子显微镜（SEM）对电极表面进行观察后发现，经电化学法粗糙化的银电极表面较之前表面积增加仅为 10%～20%，即使经过多次粗糙化处理，其表面积增加的程度也远远不足以使吸附的分子数增加 5～6 个数量级。因此他们指出，该实验中所得到的吡啶分子拉曼信号的增强并非因简单的吸附量增多而导致，而是一种与金属粗糙表面相关的物理增强效应，这种效应被称为表面增强拉曼散射（surface-enhanced Raman scattering，SERS）效应，其所对应的光谱则称为表面增强拉曼光谱。表面增强拉曼现象的发现，为拉曼光谱应用领域的拓宽提供了极大的可能。

4.2.2 SERS 的机理

由于表面增强拉曼散射效应可使被分析物的拉曼散射信号强度增强 5～6 个数量级，这极大拓宽了拉曼光谱在微量或痕量物质分析领域的应用。然而，自 SERS 效应被发现以来的近 40 年里，关于 SERS 效应的机理研究虽不断发展，至今却仍未在学术界达成一致。目前，大多数学者接受的 SERS 增强机制主要有两大类别：电磁场增强和化学增强[3]。其中，电磁场增强理论主要基于经典动力学理论，反映出增强金属基底材料的性质；化学增强则侧重于量子化学的电子结构理论，以分子极化率的改变进行解释。然而科学家们发现，单纯的电磁场或化学增强机理都不能完美解释所有的 SERS 现象，这主要是因为增强过程与入射光的波长、增强基底的性质、被检测物质的吸附状态等众多因素均有关联，因而多数情况下，这两种机制可能共同产生作用，只是它们对 SERS 信号的贡献有所不同。

1. 电磁场增强机理（electromagnetic enhancement mechanism，EM）

电磁场增强机理是一种物理增强模型，其中最为经典的解释是局域表面等离子体共振（localized surface plasmon resonance，LSPR）理论[4]。该理论认为：当光线照射到金属纳米颗粒或粗糙金属构成的"金属岛"上时，其自由移动的电子会被激发成为等离子体。而当等离子体振荡频率与激发光频率相一致时，就会发生局域表面等离子体共振现象，如图 4.2 所示。这种共振使得激发光能量会聚于局域表面，此处的光电场得到放大，从而引起该区域附近粒子拉曼光谱信号的增强。共振现象在金属纳米颗粒的连接处产生的电磁场增强效应最强，这就是通常人们所说的 SERS 热点（hot spots）。

研究表明，电磁场增强效应是一种长程效应，其增强效果随与增强基底表面的距离而呈指数型衰减，范围约为几个纳米。此外，局域表面等离子体共振的强度和频率还受到激发光波长、增强基底的形态及周围介质的影响，因此通过调节相关因素，可获得较佳的拉曼增强效果。通常，电磁场增强效应被认为是 SERS 的主要来源，其增强因子可达 $10^4 \sim 10^8$。

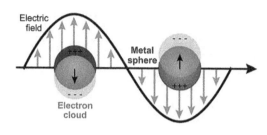

图 4.2 局域表面等离子体共振模型 [5]

电磁场增强机制合理地解释了拉曼散射强度与增强基底及激发光之间的联系。该机理显示，这种电磁场增强是纯粹的物理增强过程，也就是说这种增强效应对物质是没有选择性的。然而更多的研究表明，当分子以化学形式吸附于不同的增强基底表面时，其产生的等离子共振峰会发生变化；不同分子在同一增强基底作用下产生的增强效果也不尽相同；即使对于同一分子，其不同振动峰的增强效果也千差万别。因此，当电磁场增强机制不能完全解释这些现象时，化学增强机制的补充显得尤为重要。

2. 化学增强机理（chemical enhancement mechanism，CE）

不同于电磁场增强机制，化学增强机制主要反映了拉曼散射强度与分子本身化学性质的关联，是一种化学增强模型。该机制主要强调吸附分子与增强基底表面之间的化学作用，包括化学成键增强（chemical bonding enhancement）模式、表面络合物共振增强（surface complex resonance enhancement）模式及激发光诱导的电荷转移增强（photon-induced charge-transfer enhancement，PICT）[6] 模型。在所有的化学增强模型中，最为重要的机理是激发光诱导的电荷转移增强机理，即在激发光的照射下，吸附于金属表面的分子在发生电子跃迁的同时会形成电荷转移激发态，从而与金属表面作用而形成分子－金属复合物，产生共振增强效果。这种电荷转移态的形成需要分析物的分子轨道和作为增强基底的金属能带波函数发生重叠，因而产生同一增强基底上不同分子的增强效果也显著不同的现象。由于化学增强的实质是化学键的形成，因此化学增强效应是一种短程效应，其范围局限在分子尺度内。

虽然电荷转移增强机理已有许多不同且具体的理论解释，但由于此模型与多种因素相关，无论是实验还是模型构建都无法对这些条件做出详细分析，电荷转移的详细机理目前仍存在很多争议。

4.3 SERS 活性基底

由于表面增强拉曼效应是当分子吸附于粗糙金属表面才会发生的现象,并且表面等离子体共振频率主要受金属增强基底种类及其形态的影响,因而 SERS 活性基底成为影响 SERS 效应最为重要的因素。

虽然许多分析物都具有 SERS 特征谱图,但具有 SERS 效应的活性基底只有少数物质。早期研究认为,只有 Au、Ag、Cu 等贵金属具有较好的 SERS 效应,它们的增强效果依次为 Ag>Au>Cu。后续更多研究的发现,Ru、Li、Na、K、Co、Fe、Ni 等金属也具有一定的 SERS 活性;并且除了金属之外,少数半导体和金属氧化物如 ZnO、TiO_2、GaP、Fe_2O_3 等也可以观察到微弱的 SERS 效应;非金属材料石墨烯也被证实具有一定增强效应。

不同 SERS 基底的开发为 SERS 技术的广泛应用提供了可能。然而,在分析化学领域的实际应用过程中,较佳的增强效果、良好的均一性、可靠的稳定性和重现性才是理想的 SERS 基底。许多的研究报道集中在形貌可控、重现性好的 SERS 基底制备上,它们大致可以分为以下几类:

4.3.1 一维 SERS 纳米材料

一维 SERS 增强基底主要是指具有一定形貌的金属溶胶纳米材料。其中,最为常见、应用最为广泛的则是金、银纳米溶胶。通常金、银溶胶粒子采用简单的还原法即可制得,常用的还原剂有柠檬酸三钠、硼氢化钠、抗坏血酸等。但是对于均匀分散的金属纳米颗粒,由于粒子间距过大导致电磁场无法有效耦合,增强效果不佳,因此,使用过程中通常需加入 Cl⁻、I⁻、NO_3^- 等作为粒子团聚剂,来获得更强的 SERS 效应。除此之外,虽然该方法简单易行,可大规模生产,但在实际使用过程中溶胶形态不稳定,粒子尺寸难以精确控制;所以在合成时,常常加入表面活性剂来调节粒子生长速度,防止粒子表面氧化及团聚等。

研究表明,单分散的金属纳米溶胶,其形态和尺寸对 SERS 效应均有较大影响。通常情况下,球形的纳米粒子增强效果最弱,而横纵比不同的纳米颗粒 SERS 效应相对较好。有研究利用小分子酸作为还原剂,合成了形貌可控的银纳米线、纳米花以及纳米棒[7],这些新型纳米颗粒具有优越的 SERS 效应。还有研究者合成了纳米星状金纳米粒子 [8],实验验证其增强因子可达 10^{10},远大于球形纳米粒子的增强效果。而通过调节还原剂浓度及增加晶核浓度,还可得到三角状金、银纳米粒子等。但是,单分散金属纳米颗粒存在一个较大的缺点,即裸露的纳米粒子极易受到环境影响而降低 SERS 活性。

核壳隔绝纳米粒子增强拉曼光谱 [9](shell-isolated nanoparticle-enhanced Raman spectroscopy,SHINERS)作为一种新 SERS 技术,一定程度上克服了普通一维纳米溶胶的 SERS 活性基底的缺点。核壳隔绝纳米粒子是以超薄惰性物质(SiO_2、Al_2O_3 等)为壳层、增强金属(Au、Ag 等)为核的新型纳米溶胶颗粒,有几种不同的类型,如图 4.3 所示。这种纳米颗粒不与被测物直接接触且灵敏度高,相较于普通金属纳米粒子有更好的稳定性和更强的 SERS 活性。

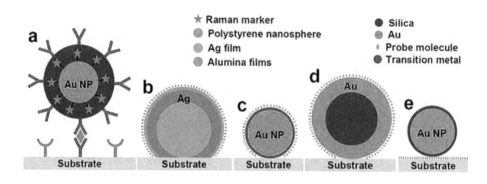

图 4.3　不同核壳隔绝纳米粒子示意图 [10]

4.3.2 二维 SERS 纳米材料

二维 SERS 纳米材料主要是指有序化排列组装的粒子膜,通常由紧密堆积或排列的一维金属纳米粒子构成。相较于溶胶纳米颗粒,有序化排列组装粒子膜的最大优点是其纳米颗粒的间距较小,可以有效产生电磁耦合效应而存在较多 SERS 热点,它是一种具有较高 SERS 活性的增强基底。一般来说,二维 SERS 纳米材料的制备方法主要有沉积法、模板法、Langmuir-Blodgett(LB)法和化学自组装法等。

沉积法又分为物理沉积法与化学沉积法。通常化学沉积法是指采用化学还原或者银镜反应在固相基底上制备 SERS 基底的过程。该方法简单易行,但通常所得的基底 SERS 活性不高。物理沉积法是指在玻璃、石英、硅片等基底表面溅射金属纳米粒子而形成均匀金属薄层的方法,可通过溅射时间来调控金属薄层的厚度。该法的重现性较好且 SERS 活性高。有研究[11]显示用该方法在玻璃基板上沉积一层均匀银纳米棒金属薄膜,并将其作为一种新型 SERS 活性基底,该基底对拉曼探针分子的增强因子可达 10^8,并且信号具有较好的重现性。

模板法则是指利用氧化铝、硅球等物质作为初始模板物质,之后通过调节模板空隙或尺寸大小来控制金属纳米颗粒有序生长,最后利用酸或有机溶剂除去模板,即可得到形貌可控的阵列化 SERS 基底。有研究显示,以阳极氧化铝为模板,合成具有不同直径、横纵比的银纳米线阵列[12],通过对拉曼标记物的分析,证实该法合成的银纳米阵列拥有较高的 SERS 活性。

LB 技术制备金属薄膜,首先需要将金属纳米颗粒进行改性,再通过溶剂作用将纳米颗粒单分子层转移到某个功能化的固相基底上。这种技术可以基本保持纳米粒子的定向排列结构,形成有序的单层或多层金属薄膜。有研究用 LB 技术制作面积大于 $20\ cm^2$ 的单层纳米线阵列,采用这种方法可制作出重现性优良的 SERS 基底,适用于空气或者溶液等多种不同检测环境[12]。

自组装法合成 SERS 基底的本质是化学键合作用或者静电作用,即利用含有—CN、—NH$_2$、—SH 等官能团的前驱膜作为固定金属纳米粒子的偶联层,这样即可使纳米粒子有序生长在基底表面。有研究以 3- 氨丙基三甲氧基硅烷为偶联层,结合电化学方法,使纳米金粒子在 ITO 电极上进行自组装,形成有序的二维 SERS 基底[13]。

4.3.3 三维 SERS 纳米材料

三维 SERS 纳米材料通常是指长程有序的金属纳米或者金属复合物纳米结构。紧密堆积排列的二维纳米材料通常会限制层间等离子体共振耦合效应,三维 SERS 纳米材料则可以有效解决这个问题。其制备方法可分为自上而下法和自下而上法。

一般而言,自上而下法通常是指在金属宏观基底表面进行有序粗糙化的方法,包括电化学氧化还原法、化学刻蚀法、电子束光刻、纳米球光刻及静电纺丝技术等。早期 SERS 研究中较为常用的增强基底即为电化学法或者化学刻蚀法粗糙化的金属表面,但是这种方法所制备的 SERS 基底粗糙化程度极为不均匀,所以 SERS 信号的重现性也较差;而近些年发展起来的电子束光刻、纳米球光刻及静电纺丝技术则可准确控制刻蚀结构的精细程度,在金属表面形成有序沟道或者孔洞,制备出重现性好、SERS 活性高的三维基底。

自下而上法制备三维 SERS 纳米材料通常采用沉积法或化学还原法。其中，一种常见的方法即采用三维模板来控制金属的沉积，随后将该模板移除，即可得到有序粗糙的三维金属纳米结构材料。另一种金属复合物纳米结构通常是以半导体三维材料为基底，在其纳米孔洞中均匀修饰金属纳米颗粒，来形成有序三维金属复合物纳米结构。

4.4 SERS 定量分析基础

随着研究的深入，表面增强拉曼光谱以其无损及非接触检测、快速灵敏、信息量多等优点获得广泛认可，在很多领域都显示出巨大的应用前景。特别是近代光电技术的发展，使得市场上出现实验研究用的高性能设备及日常检测的便携拉曼仪器，大大促进了 SERS 技术的实际应用。越来越多的研究表明，SERS 技术不再局限于物质的定性检测，而是更多地用于样品中痕量成分的定量分析。

拉曼散射的经典理论可以解释 SERS 定量分析的基本原理。图 4.4 是常规拉曼与增强拉曼两种散射情况的示意图。根据经典量子力学理论，常规拉曼散射的强度 I_R 可以表示为：

$$I_R = N \cdot I_L \cdot \sigma_{\text{free}}^R \tag{4.1}$$

其中，N 代表被激发光照射的分子数，I_L 代表激发光强度，σ_{free}^R 是常规情况下的分子的绝对拉曼散射截面。式（4.1）指出，在激发光强度不变及分子拉曼散射截面一定的情况下，拉曼散射光的强度正比于分子浓度，这成为拉曼光谱技术用于定量分析的基础[14]。但是通常情况下，分子的拉曼散射截面都非常小，所以至少 10^8 以上数量级的分子聚集在一起，才可以检测到常规拉曼信号。

在表面增强拉曼散射模型中，吸附分子的拉曼散射截面 σ_{ads}^R 可增大 $10^6 \sim 10^{14}$，这使得 SERS 技术的灵敏度远高于常规拉曼技术。但是相较于常规拉曼散射，表面等离子体共振效应同样会引起激发光频率以及拉曼频率的相应变化，其影响因子可分别表示为 A_L 与 A_R，所以表面增强拉曼散射的强度可表示为：

$$I_{\text{SERS}} = N' \cdot I_L \cdot |A_L|^2 \cdot |A_R|^2 \cdot \sigma_{\text{ads}}^R \tag{4.2}$$

从（4.2）式中可以看出，影响 SERS 强度的因素众多。分析物及增强基底表面性质、激发光的波长，甚至分析物的吸附形态都会导致 SERS 强度不同程度的变化；即使较好地控制了增强基底的均一性和稳定性，使用 SERS 技术进行实际样品检测时，拉曼信号仍易受到实验因素以及外部条件的影响而难以重现，这使得 SERS 技术在定量分析领域的应用仍存在较大困难。采用内标及数据分析校正可以一定程度上克服上述问题，使 SERS 技术进行定量分析更加可靠。

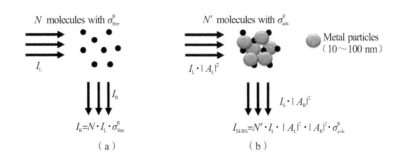

图 4.4　常规拉曼及表面增强拉曼散射示意图 [15]
（a）常规拉曼；（b）表面增强拉曼

4.4.1　内标校正

在分析化学领域，通常采用内标法（internal standard calibration）来校正外界因素带来的影响，即通过向分析样品中加入已知浓度的某种标记物，检测时通过计算分析物与该标记物信号的比值，可计算出分析物的浓度。对于表面增强拉曼光谱来说，内标的引入不仅可以有效减小仪器偏差，还可以减少浑浊试样散射光带来的影响，最为重要的是，由于内标与分析物所处物理化学环境一致，可以校正因增强基底不稳定而引起的拉曼信号变化，使得分析结果更加可靠。

需要注意的是，由于 SERS 技术涉及信号增强过程，其内标的选择具有一定特殊性。首先，除了与分析物性质接近之外，理想的 SERS 校正内标需具有一定的拉曼活性；其次，内标物的拉曼振动峰不能与分析物的拉曼振动峰产生重叠，以免给分析带来干扰。在实际应用过程中，分析物和内标的化学吸附或物理吸附状态以及它们之间产生的竞争吸附作用均会影响实际测量。有学者研究了一个简单可行的办法，他们在金增强基底上通过自组装作用修饰上单层内标分子膜，占据有效活性吸附位点，避免了分析物以化学形式吸附于增强基底表面而带来的信号偏差，同时也避免了内标及分析物的竞争吸附作用[16]。但是失去了化学吸附作用的分析物，通常 SERS 信号也会受到较大影响，这一定程度上降低了分析方法的灵敏度。其他方法如核－壳式内嵌内标法进行 SERS 定量检测,图 4.5 所示[17],以金纳米粒子为核,通过自组装作用在其表面吸附一层单分子层内标物,再通过化学还原过程包裹一层银壳。这种嵌入式内标既不会受到外界环境影响,也不会影响分析物的化学增强模式,成为拉曼定量分析较为可行的方法。

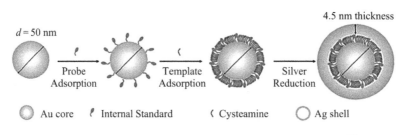

图 4.5　Au 核 －Ag 壳式内嵌单分子层内标纳米粒子合成示意图[17]

4.4.2 数据分析校正

除了内标校正模式,采用化学计量学对光谱集进行分析也可以达到消除干扰的目的。数据分析校正通常可分为单变量及多变量数据分析模式。常规 SERS 分析通常采用单变量分析,即采用分析物特征峰峰高或峰面积来进行外标法定量。在这种单变量分析模型中,所得的较宽浓度范围的校准曲线通常与吸附曲线形态一致,即在较高浓度下的 SERS 信号趋于饱和。这主要是因为 SERS 基底表面活性位点被占据之后,其增强信号便不再随分析物浓度变化而变化。所以为了方便定量分析的进行,通常缩小分析物的浓度范围,即可得到 SERS 信号的线性区间。该方法虽然简单,便捷,应用广泛,但受到复杂环境干扰时所得数据通常重现性较差且线性不佳。

多变量分析模式的引入,可以捕获整个光谱集的方差(例如不同分析物浓度的一系列光谱),从而区别差异最大的光谱区域与差异较小的光谱区域,以此减少无关数据的干扰。有研究者构建了 SERS 比率传感检测 Cd^{2+} 体系,采用多变量分析中的偏最小二乘回归法对拉曼峰的强弱变化进行数据分析,成功地测定水体系中 Cd^{2+} 浓度,其与标准检测方法误差在 5 % 以内[18]。也有研究利用多变量分析法中的主成分判别函数分析来辨别不同细菌的 SERS 指纹图谱[19]。多元变量分析不需要特定的内标加入和修饰过程,只需要通过大量数据的分析即可得到结果,在 SERS 定量分析领域有着广阔的应用前景。

4.5 SERS 技术在食品安全检测中的应用

表面增强拉曼效应的发现有效地解决了拉曼光谱痕量分析中存在的低灵敏度问题，SERS 被广泛应用于各领域，包括电化学、化学和生物传感检测、医学检测、痕量物质的分析及单分子检测等方面。在食品检测方面，SERS 也得到了比较广泛的应用。

在食品安全分析检测领域，常用的技术是气相色谱法（gas chromatography，GC）、高效液相色谱法（high performance liquid chromatograph，HPLC）以及气相色谱－质谱联用法（GC-MS）、液相色谱－质谱联用法（HPLC-MS）等。但是，这些方法通常需要大型的检测仪器及专业检测人员，且样品前处理过程复杂，分析耗时较长，不利于日常快速检测筛查；而相对便捷、分析快速的 SERS 技术则在食品安全快速检测领域显示出明显的优势。

4.5.1 添加剂检测及非法添加物检测

对于食品中一些添加剂和非法添加物的检测，SERS 也显示出它的优点，对一些色素、防腐剂及一些非法添加的化学物质可以进行快速检测。

有研究利用 SERS 技术实现了对饮料中色素的快速检测。他们在有序紧密排列的硅球表面均匀溅射金增强基底，形成粗糙金膜，以其为 SERS 活性基底时，硅球的拉曼散射信号可作为固定内标，从而达到对饮料色素含量的准确分析。这种方法最大的好处是样品可不经过任何前处理过程，样品处理时间在 35 min 以内，且最低检测浓度可达 0.5 mg/L[20]。

SERS 技术可以用来检测痕量水平的苏丹红Ⅰ，检测限达到 10^{-7} mol/L[21]；有研究合成 Au@Ag 双金属球，作为增强基底，检测苏丹红Ⅰ和苏丹红Ⅱ，可检测的最低浓度分别为 0.4 μg/mL 和 0.1 μg/mL[22]；还有研究以简易的等离子硅藻薄膜芯片（具有薄层分离的功能，并对 SERS 信号具有很高的敏感性）检测食品中的苏丹红Ⅰ，对于辣椒粉或辣椒油，检测限可以达到 1 μg/mL[23]。

孔雀石绿是水产品常被检出的添加物。以聚甲基丙烯酸甲酯为附着基底，通过溶剂极性转换使金纳米粒子在其表面进行自组装，形成一种透明的柔性 SERS 基底，将其贴合于鱼等水产品表面，结合便携拉曼光谱仪检测，可有效检测水产品中违禁添加物孔雀石绿，检出限达到 0.1 nmol/L[24]；并且该基底在使用后经冲洗可重复利用，有望应用于水产品违禁药品添加的快速检测筛查中。还有研究[25]通过化学自组装合成碎片结构的纳米金作为 SERS 活性探针，对进口海鲜产品中结晶紫和孔雀石绿等违禁染料进行检测，最低检测浓度达到 0.2 ng/mL。有研究者[26]合成了 $Fe_3O_4@SiO_2$-Au 纳米结构作为 SERS 基底，检测食品中的染料；用亚铃状金纳米做基底，检测橘子汁中的日落黄、柠檬黄、橙色II和橘红 4 种着色剂[27]。

三聚氰胺曾产生非常严重的食品安全问题，SERS 方法可以快速筛查三聚氰胺，以纳米纤维素基底快速检测牛奶中的三聚氰胺，检测限为 1 μg/mL[28]；以氢键支持的超分子矩阵结合 SERS，利用 Fe_3O_4/Au 涂有 5- 氨基乳清酸的 SERS 活性基底，快速检测牛奶中的三聚氰胺，检测限为 5 μg/mL，线性范围为 2.5～15.0 μg/mL[29]；采用免疫分离和 SERS 结合的方法检测牛奶中的三聚氰胺，检测限达到 0.79×10^{-3} mmol/L[30]。

叔丁基羟基茴香醚（BHA）是一种常用于食用油以及包装材料的酚类抗氧化剂，具有致癌性。有研究用金溶胶对 BHA 进行定性与半定量 SERS 检测，检测限达到 10 μg/mL[31]。SERS 方法还可以检测葡萄酒中的 SO_2，用沉积在玻璃板上的 ZnO 纳米材料，采用顶空萃取方法测葡萄酒中的 SO_2，方便，快速，线性范围 1～200 μg/mL[32]。SERS 方法也可用于盐酸克伦特罗的检测，方法具有很宽的线性范围（1～1000 pg/mL）和很高的回收率（96.9%～116.5%）[33]。硫氰酸盐在食品中的滥用会导致许多健康问题，有研究用金纳米点缀的磁片己糖磷酸肌醇结合 SERS 方法检测牛奶中的痕量硫氰酸根，检测限为 10^{-8} g/L[34]。偶氮二甲胺用作面粉改良剂，可能导致哮喘，SERS 方法也可以检测偶氮二甲胺[35]。

4.5.2 病源菌检测

食源性疾病是全世界日益严重的公共卫生问题，而病源菌导致的疾病是主要问题。用 SERS 方法可以对食品中的病原菌进行检测，克服了微生物检测时间长的缺点。有研究通过在细胞壁上合成银纳米粒子，用 SERS 方法检测饮用水中的活细菌。这种方法比简单的合成胶体－细菌的悬液信号强度高了 30 倍，仅需 10 min 就可以完成测定，检测限达到 2.5×10^2 个/mL[36]。通过在滤膜上合成银纳米棒，检测大肠杆菌，检测限比玻璃上合成的银纳米基底低两个数量级[37]。也可以用 SERS 方法对李斯特菌、金黄色葡萄球菌、大肠埃希氏菌、沙门鼠伤寒菌等病原菌进行快速检测和分类[38]。最新研究表明，以 SERS 方法检测脱脂奶中细菌，用 4- 巯基苯硼酸功能化树突状银基底去捕获细菌细胞，以提高信号强度，对伤寒沙门氏菌 BAA1045（SE1045）的捕获效率在 106 CFU/mL 和 10^3 CFU/mL 分别是 84.92% ± 3.25% 和 99.65% ± 3.58%[39]，以 Au@Ag 内核 / 纳米粒子壳为基底，检测鼠伤寒沙门氏菌，检测限为 15 CFU/mL，该法可以快速检测食品中的病源菌[40]；以卷状组合为基底，结合纳米金离子，用 SERS 方法检测李斯特菌，可检测的最低浓度为 10^4 CFU/mL[41]；通过一种超敏感的纳米传感，一步形成静电吸引的等离子双面结构 / 细菌 / 柱状阵列结构，可以结合 SERS 检测食源性革兰氏阳性细菌[42]；有研究者开发了一种微流体平台，通过银纳米和新的平台及化学计量分析，可以区分开 8 种食源性病源菌[43]；采用膜过滤和银纳米加强信号的 SERS 方法检测食品污染大肠杆菌（*E.coli* O157：H7），可以在 1～3 h 检测培养基和碎牛肉中的 *E.coli* O157：H7，可检测的浓度达 10 CFU/mL[44]。

4.5.3 农药残留检测

简单、快速地检测食品中的农药残留是公共健康的迫切需求。SERS 可以被用于快速、灵敏地检测一些农药残留。

通过制备不同实用性 SERS 基底，可以大大方便采样及检测过程，使得快速检测成为可能，可以用于检测一些农药残留。最新研究表明，通过过滤膜捕捉银纳米颗粒作为活性基底，可以分析马拉硫磷[45]；合成银纳米粒子，检测对硫磷和美福双，检测限达到 5×10^{-8} mol/L[46]；合成 Cu@Ag/b-AgVO₃ 基底，检测氨基甲酸酯类农药[47]；用分子印迹—SERS/ 比色双传感的方法检测苹果汁中的毒死蜱，裸眼可分辨出的最低浓度是 5 mg/L[48]；通过开发一种灵活的硅纳米线纸，可以原位检测食品弯曲表面的杀虫剂残留，检测限为 72 ng/cm²[49]；以金纳米为探针，利用 SERS 技术，监测杀虫剂在收获和生长期内的罗勒叶子上的穿透性和持续时间[50]；用不同粒径的纳米粒子做基底，在 20 min 内完成样品的处理，检测苹果汁的亚胺硫磷和噻苯咪唑，可检出的最低浓度分别是 0.5 μg/g 和 0.1 μg/g[51]；在涂有金的硅片上生长金纳米棒作为基底，用 SERS 方法检测果汁和牛奶中的西维因，橘子汁、葡萄汁和牛奶中的检测限分别是 509、617 和 391 ng/L[52]。也有研究在具有金涂层的硅片上生长金纳米棒，用 SERS 的方法检测苹果汁和卷心菜中的西维因[53]；以涂有纳米银粒子的纤维素纳米纤维为活性基底，以 4- 邻氨基苯硫醇为拉曼信号指示分子，快速检测苹果中的噻苯咪唑残留[54]。也可以通过一些简单的方法，筛查农药。通过用棉签擦拭苹果表面，然后用甲醇洗脱，用树枝状银纳米作为增强基底，在 10 min 内可完成[55]。新的研究将金纳米粒子修饰在商业化的黏性胶带上，做成一个柔性采样 SERS 基底，并成功地将其应用于苹果、黄瓜、橙子表面残留农药的 SERS 检测[56]。

4.5.4 其他方面

多环芳烃（PAHs）是指具有两个或两个以上苯环的一类毒性很强的环境和食品污染物，具致癌性、致畸性、致突变性。常用的检测方法是色谱法，用 SERS 方法可以实现对 PAHs 的快速检测。最新研究显示，以 C18 硅烷化的自组装金溶胶膜作为 SERS 活性基底，可以对水中萘、菲和芘进行检测[57]；不同取代基的杯芳烃分子修饰的银纳米颗粒与紫罗碱二阳离子之间形成空穴的纳米传感器，通过杯芳烃与 PAHs 的疏水作用，实现对芘、苯并菲、三亚苯、六苯并苯等 PAHs 分子的选择性吸附[58]；通过合成巯基修饰的 $Fe_3O_4@Ag$ 核壳磁性纳米颗粒作为 SERS 检测探针，应用于 PAHs 检测，线性范围为 $1 \sim 50$ mg/L，检测限达到 10^{-7} mol/L，为原位监测 PAHs 提供了新的途径[59]。

抗生素的残留也威胁着人类的健康。有研究[60]采用两步预处理的方法，检测牛奶中的盘尼西林残留，检测限可达 2.54×10^{-9} mol/L，低于欧盟标准。另外，SERS 方法也可能用于其他污染物的检测，如可以用于分析花生中的过敏原-Arah1[61]、检测食品中的丙烯酰胺[62]、F 及双酚 A[63] 等。

4.6 SERS 的应用限制

表面增强拉曼检测技术是一种可应用于食品安全领域的切实可行的光学技术，它具有灵敏度高、检测时间短等优点。目前，该技术在食品安全领域的现场快速检测微量化学物质方面表现优越。

SERS 技术虽然有着强大的分析功能，但其应用仍然受到诸多限制。应用限制主要由下列因素所决定：SERS 技术要求所检测的分子含有芳环、杂环、氮原子硝基、氨基、羧酸基或磷和硫原子之一，这使检测对象有一定的限制；试样可能与 SERS 基底发生化学或光化学反应；SERS 要求试样与基底相接触，这失去了拉曼光谱技术非侵入和不接触分析样品的基本优点；SERS 基底对不同材料的吸附性能不同，增加了定量分析的难度；基底重现性和稳定性难以控制。

贵金属溶胶颗粒是目前 SERS 研究中最常用的 SERS 基底,成熟的合成技术使得金属纳米颗粒的形貌可控,粒径的差异小于 10%。贵金属溶胶可以应用于检测各类材料的表层化学组分和任何形貌的基底,具有实时、快速、高灵敏度的特点,通过结合便携式拉曼光谱仪,使得 SERS 技术成为更为通用和实用的方法,有望在食物安全、药物、炸药以及现场环境污染检测中发挥作用。然而,受实际检测过程中的基质及杂质的干扰,贵金属溶胶无法直接应用于实际样品检测。此时,需要通过吸附与富集被检测物等样品前处理方式来提高待测目标分子的浓度,或者通过修饰金属纳米颗粒表面来提高选择性,从而实现 SERS 技术在环境检测及食品安全中的应用。

参考文献

[1] RAMAN C V, KRISHMAN K S. A new type of secondary radiation [J]. Nature, 1928, 121: 501.

[2] FLEISCHMANN M, HENDRA P, MCQUILLAN A, et al. Raman spectra of pyridine adsorbed at a silver electrode [J]. Chemical Physics Letters, 1974, 26: 163.

[3] KNEIPP K, KNEIPP H, ITZKAN I, et al. Ultrasensitive chemical analysis by Raman spectroscopy [J]. Chemical Reviews, 1999, 99: 2957.

[4] HAES A J, ZOU S, ZHAO J, et al. Localized surface plasmon resonance spectroscopy near molecular resonances [J]. Journal of the American Chemical Society, 2006, 128: 10905.

[5] STILES P L, DIERINGER J A, SHAH N C, et al. Surface-enhanced Raman spectroscopy [J]. Annual Review of Analytical Chemistry, 2008, 1: 601.

[6] ARENAS J F, WOOLLEY M S, OTERO J C, et al. Charge-transfer processes in surface-enhanced Raman scattering. Franck-Condon active vibrations of pyrazine [J]. Journal of Physical Chemistry, 1996, 100: 3199

[7] ZHANG B, XU P, XIE X, et al. Acid-directed synthesis of SERS-active hierarchical assemblies of silver nanostructures [J]. Journal of Materials Chemistry, 2011, 21: 2495.

[8] RODRIGUEZ-LORENZO L, ALVAREZ-PUEBLA R A, PASTORIZA-SANTOS I, et al. Zeptomol detection through controlled ultrasensitive surface-enhanced Raman scattering [J]. Journal of the American Chemical Society, 2009, 131: 4616.

[9] LI J F, HUANG Y F, DING Y, et al. Shell-isolated nanoparticle-enhanced Raman spectroscopy [J]. Nature, 2010, 464: 392.

[10] DRISKELL J D, SHANMUKH S, LIU Y, et al. The use of aligned silver nanorod arrays prepared by oblique angle deposition as surface enhanced Raman scattering substrates [J]. Journal of

Physical Chemistry C, 2008, 112: 895.

[11] DU Y, SHI L, HE T, et al. SERS enhancement dependence on the diameter and aspect ratio of silver-nanowire array fabricated by anodic aluminium oxide template [J]. Applied Surface Science, 2008, 255: 1901.

[12] TAO A, KIM F, HESS C, et al. Langmuir-Blodgett silver nanowire monolayers for molecular sensing using surface-enhanced Raman spectroscopy [J]. Nano Letters, 2003, 3: 1229.

[13] GUO H Y, XU S P, TANG B, et al. Construction of composite surface-enhanced Raman scattering (SERS) substrates by silver nanoparticle assembly [J]. Chemical Journal of Chinese Universities-Chinese, 2012, 33: 2308.

[14] SMITH E, DENT G. Modern Raman spectroscopy: a practical approach[M]. John Wiley & Sons, 2013.

[15] KNEIPP K, KNEIPP H, ITZKAN I, et al. Ultrasensitive chemical analysis by Raman spectroscopy [J]. Chemical Reviews, 1999, 99: 2957.

[16] LORÉN A, ENGELBREKTSSON J, ELIASSON C, et al. Internal standard in surface-enhanced Raman spectroscopy [J]. Analytical Chemistry, 2004, 76: 7391.

[17] SHEN W, LIN X, JIANG C, et al. Reliable quantitative SERS analysis facilitated by core-shell nanoparticles with embedded internal standards [J]. Angewandte Chemie, 2015, 127: 7416.

[18] CHEN Y, CHEN Z P, LONG S Y, et al. Generalized ratiometric indicator based surface-enhanced Raman spectroscopy for the detection of Cd^{2+} in environmental water samples [J]. Analytical Chemistry, 2014, 86: 12236.

[19] JARVIS R M, BROOKER A, GOODACRE R, et al. Surface-enhanced Raman scattering for the rapid discrimination of bacteria [J]. Faraday Discussions, 2006, 132: 281.

[20] PEKSA V, JAHN M, ŠTOLCOVÁ L, et al. Quantitative SERS analysis of azorubine (E 122) in sweet drinks [J]. Analytical Chemistry, 2015, 87: 2840.

[21] LOPEZ M I, RUISANCHEZ I, CALLAO M P, et al. Figures of merit of a SERS method for Sudan I determination at traces levels [J]. Spectrochimica Acta Part A-Molecular and Biomolecular Spectroscopy, 2013, 111:237.

[22] PEI L, OU Y M, YU W S, et al. Au-Ag core-shell nanospheres for surface-enhanced Raman scattering detection of Sudan I and Sudan II in chili powder [J]. Journal of Nanomaterials, 2015: 430925(8P).

[23] KONG X M, SQUIRE K, CHONG X Y, et al. Ultra-sensitive lab-on-a-chip detection of Sudan I in food using plasmonics-enhanced diatomaceous thin film [J]. Food Control, 2017, 79: 258.

[24] ZHONG L B, YIN J, ZHENG Y M, et al. Self-assembly of Au nanoparticles on PMMA template as flexible, transparent, and highly active SERS substrates [J]. Analytical Chemistry, 2014, 86: 6262.

[25] HE L, KIM N J, LI H, et al. Use of a fractal-like gold nanostructure in surface-enhanced Raman spectroscopy for detection of selected food contaminants [J]. Journal of Agricultural and Food Chemistry, 2008, 56: 9843.

[26] SUN Z L, DU J L, YAN L, et al. Multifunctional Fe_3O_4@SiO_2-Au satellite structured SERS probe for charge selective detection of food dyes [J]. ACS Applied Materials & Interfaces, 2016, 8(5):3056.

[27] MENG J, QIN S, ZHANG L, et al. Designing of a novel gold nanodumbbells SERS substrate for detection of prohibited colorants in drinks [J]. Applied Surface Science, 2016, 366: 181.

[28] XIONG Z Y, CHEN X W, LIOU P, et al. Development of nanofibrillated cellulose coated with gold nanoparticles for measurement of melamine by SERS [J]. Cellulose, 2017, 24(7): 2801.

[29] NENG J, TAN J Y, JIA K, et al. A fast and cost-effective detection of melamine by surface enhanced Raman spectroscopy using a novel hydrogen bonding-assisted supramolecular matrix and gold-coated magnetic nanoparticles [J]. Applied Sciences-Basel, 2017, 7(5): 475.

[30] LI X Y, FENG S L, HU Y X, et al. Rapid detection of melamine in milk using immunological separation and surface enhanced Raman spectroscopy [J]. Journal of Food Science, 2015, 80(6): C1196.

[31] YAO W, SUN Y, XIE Y, et al. Development and evaluation of a surface-enhanced Raman scattering (SERS) method for the detection of the antioxidant butylated hydroxyanisole [J]. European Food Research and Technology, 2011, 233: 835.

[32] DENG Z, CHEN X, WANG Y, et al. Headspace thin-film microextraction coupled with surface-enhanced Raman scattering as a facile method for reproducible and specific detection of sulfur dioxide in wine [J]. Analytical Chemistry, 2015, 87(1): 633.

[33] ZHU G, HU Y, GAO J, et al. Highly sensitive detection of clenbuterol using competitive surface-enhanced Raman scattering immunoassay [J]. Analytical Chimica Acta, 2011, 697(1-2): 61.

[34] HOU T, LIU Y Y, XU L, et al. Au dotted magnetic graphene sheets for sensitive detection of thiocyanate [J]. Sensors and Actuators B-Chemical, 2017, 241: 376.

[35] LI M H, GUO X Y, WANG H, et al. Rapid and label-free Raman detection of azodicarbonamide with asthma risk [J]. Sensors and Actuators B-Chemical, 2015, 216: 535.

[36] ZHOU H B, YANG D T, IVLEVA N P, et al. SERS detection of bacteria in water by in situ coating with Ag nanoparticles [J]. Analytical Chemistry, 2014, 86(3): 1525.

[37] CHEN J, WU X M, HUANG Y W, et al. Detection of *E. coli* using SERS active filters with silver nanorod array [J]. Sensors and Actuators B-Chemical, 2014, 191:485.

[38] SUNDARAM J, PARK B, KWON Y, et al. Surface enhanced Raman scattering (SERS) with biopolymer encapsulated silver nanosubstrates for rapid detection of foodborne pathogens. [J] International Journal of Food Microbiology, 2013, 167(1): 67.

[39] WANG P X, PANG S, PEARSON B, et al. Rapid concentration detection and differentiation of bacteria in skimmed milk using surface enhanced Raman scattering mapping on 4-mercaptophenylboronic acid functionalized silver dendrites [J]. Analytical and Bioanalytical Chemistry, 2017, 409(8): 2229.

[40] DUAN N, CHANG B Y, ZHANG H, et al. Salmonella typhimurium detection using a surface-enhanced Raman scattering-based aptasensor [J]. International Journal of Food Microbiology, 2016, 218: 38-43.

[41] UUSITALO S, KOGLER M, VALIMAA A L, et al. Detection of Listeria innocua on roll-to-roll produced SERS substrates with gold nanoparticles [J]. RSC Advances, 2016. 6(67): 62981.

[42] QIU L, WANG W Q, ZHANG A W, et al. Core-shell nanorod columnar array combined with gold nanoplate-nanosphere assemblies enable powerful in situ SERS detection of bacteria [J]. ACS Applied Materials & Interfaces, 2016, 8(37): 24394.

[43] MUNGROO N A, OLIVEIRA G, NEETHIRAJAN S. SERS based point-of-care detection of food-borne pathogens [J]. Microchimica Acta, 2016. 183(2): 697.

[44] CHO I H, BHANDARI P, PATEL P, et al. Membrane filter-assisted surface enhanced Raman spectroscopy for the rapid detection of *E.coli* O157:H7 in ground beef [J]. Biosensors & Bioelectronics, 2015, 64: 171.

[45] YU W W, WHITE I M. A simple filter-based approach to surface enhanced Raman spectroscopy for trace chemical detection [J]. Analyst, 2012, 137(5): 1168.

[46] WANG B, ZHANG L, ZHOU X, et al. Synthesis of silver nanocubes as a SERS substrate for the determination of pesticide paraoxon and thiram [J]. Spectrochimica Acta Part A-Molecular and Biomolecular Spectroscopy, 2014, 121: 63.

[47] FODJO E K, RIAZ S, LI D W, et al. Cu@Ag/beta-AgVO$_3$ as a SERS substrate for the trace level detection of carbamate pesticides [J]. Analytical Methods, 2012, 4(11): 3785.

[48] FENG S L, HU Y X, MA L Y, et al. Development of molecularly imprinted polymers-surface-enhanced Raman spectroscopy/colorimetric dual sensor for determination of chlorpyrifos in apple juice [J]. Sensors and Actuators B-Chemical, 2017. 241: 750.

[49] CUI H, LI S Y, DENG S Z, et al. Flexible, transparent and free-standing silicon nanowire SERS platform for in situ food inspection [J]. ACS Sensors, 2017, 2(3): 386.

[50] YANG T X, ZHAO B, KINCHLA A J, et al. Investigation of pesticide penetration and persistence on harvested and live basil leaves using surface-enhanced Raman scattering mapping [J]. Journal of Agricultural and Food Chemistry, 2017, 65(17): 3541.

[51] LUO H R, HUANG Y Q, LAI K Q, et al. Surface-enhanced Raman spectroscopy coupled with gold nanoparticles for rapid detection of phosmet and thiabendazole residues in apples [J]. Food Control, 2016, 68: 229.

[52] ALSAMMARRAIE F K, LIN M S. Using standing gold nanorod arrays as surface-enhanced Raman spectroscopy (SERS) substrates for detection of carbaryl residues in fruit Juice and milk [J]. Journal of Agricultural and Food Chemistry, 2017, 65(3): 666.

[53] ZHANG Z, YU Q S, LI H, et al. Standing gold nanorod arrays as reproducible SERS substrates for measurement of pesticides in apple juice and vegetables [J]. Journal of Food Science, 2015, 80(2): N450.

[54] LIOU P, NAYIGIZIKI F X, KONG F B, et al. Cellulose nanofibers coated with silver nanoparticles as a SERS platform for detection of pesticides in apples [J]. Carbohydrate Polymers, 2017, 157: 643.

[55] HE L L, CHEN T, LABUZA T P, et al. Recovery and quantitative detection of thiabendazole on apples using a surface swab capture method followed by surface-enhanced Raman spectroscopy [J]. Food Chemistry, 2014, 148:42.

[56] CHEN J, HUANG Y, KANNAN P, et al. Flexible and adhesive SERS active tape for rapid detection of pesticide residues in fruits and vegetables [J]. Analytical Chemistry, 2016, 88 (4): 2149.

[57] OLSON L G, LO Y S, BEEBE J R, T P, et al. Characterization of silane-modified immobilized gold colloids as a substrate for surface-enhanced Raman spectroscopy [J]. Analytical Chemistry, 2001, 73: 4268.

[58] LOPEZ-TOCON I, OTERO J, ARENAS J, et al. Multicomponent direct detection of polycyclic aromatic hydrocarbons by surface-enhanced Raman spectroscopy using silver nanoparticles functionalized with the viologen host lucigenin [J]. Analytical chemistry, 2011, 83: 2518.

[59] DU J, JING C. Preparation of thiol modified $Fe_3O_4@$ Ag Magnetic SERS probe for PAHs detection and identification [J]. The Journal of Physical Chemistry C, 2011, 115: 17829.

[60] CHEN Y L. High sensitive detection of penicillin G residues in milk by surface enhanced Raman scattering [J]. Talanta, 2017, 167: 236.

[61] GEZER R G, LIU G L, Kokini J L. Development of a biodegradable sensor platform from gold coated zein nanophotonic films to detect peanut allergen, Arahl, using surface enhanced Raman

spectroscopy [J]. Talanta, 2016, 150: 224.

[62] GEZER P G, LIU G L, KOKINI J L. Detection of acrylamide using a biodegradable zein-based sensor with surface enhanced Raman spectroscopy [J]. Food Control, 2016, 68:7.

[63] FENG J J, XU L G, CUI G, et al. Building SERS-active heteroassemblies for ultrasensitive Bisphenol A detection [J]. Biosensors & Bioelectronics, 2016, 81: 138.

第5章

电致化学发光技术在食品安全检测中的应用研究

5.1 电致化学发光简介

电致化学发光（electrochemiluminescence，ECL）是指通过电化学手段，利用待测体系中的某些化合物在电化学反应中生成不稳定的电子激发中间态，当激发态的物质跃迁回基态时产生光辐射的现象。通过测量电化学反应产生的光辐射强度可以对物质的含量进行分析。由于该方法具有装置简单、灵敏度高以及可进行原位检测等特点，引起人们极大的兴趣。随着 ECL 研究的开展，ECL 已被广泛应用于食品安全、环境科学、生命科学和医学等领域。

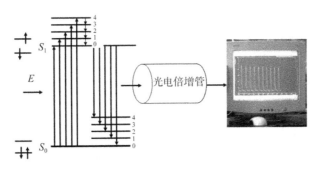

图 5.1　ECL 过程示意图

5.1.1 电致化学发光的发展概况

ECL 现象最早发现于 1927 年，Dufford 等发现 Grignard 试剂在醚溶剂中电解时伴随着发光现象[1]。随后 1929 年，Harvey 等在电解碱性鲁米诺溶液时，观察到在阴极和阳极上都产生发光现象[2]，由此拉开了 ECL 分析研究的序幕。然而，在以后的几十年里，由于研究手段的缺陷和技术水平的落后，ECL 分析方法的发展速度比较缓慢。直到 20 世纪

60 年代，随着电子科学技术的迅速发展，尤其是高灵敏度光电传感器的出现，为 ECL 的研究提供了强有力的工具，并使 ECL 发光体系机理的探讨成为研究的热点之一。Kuwana 等[3]率先利用脉冲式电压对鲁米诺在铂电极上的 ECL 动力学及其发光机理进行了研究，使人们对鲁米诺的 ECL，乃至整个 ECL 的机理有了进一步的认识和了解。此外，科研工作者还对一些稠环芳香烃如呋喃、红荧烯、芘类化合物、吲哚类、蒽及其衍生物的发光机理进行了大量的研究和探索。

进入 20 世纪 70 年代，电子科学技术水平的不断提高以及集成电路的普遍使用，极大地推进了电化学分析设备的发展，多种脉冲信号开始被使用，如线性扫描、双阶跃脉冲和正矩形扫描等，这为 ECL 的研究提供了更为有利的工具，不仅提高了 ECL 方法研究的精准度，而且拓展了 ECL 的研究领域。除此之外，许多新的 ECL 体系也陆续被发现，如 UO_2^{2+} 在 H_2SO_4 和 $HClO_4$ 中的 ECL 以及 TB^{3+}、Dy^{3+} 在 H_2SO_4 中的 ECL 等。与此同时，A. J. Bard 小组也对 $Ru(bpy)_3^{2+}$ 的 ECL 进行了深入的研究[4, 5]。

20 世纪 80 年代以来，ECL 的研究不断发展，研究领域也不断扩展，ECL 分析开始被应用于实际检测中。与此同时，研究的技术手段也在发展，流动注射技术（FIA）、毛细管电泳（CE）和高效液相色谱（HPLC）等分离手段与 ECL 分析方法的联用，提高了 ECL 分析信号的稳定性和重现性，拓宽了电化学分析的应用范围。在此阶段，$Ru(bpy)_3^{2+}$ 的研究和应用得到了极大的发展，不仅用于草酸、有机酸、氨基酸、胺类化合物、辅酶 NADH 和丙酮酸等的测定，而且开展了 $Ru(bpy)_3^{2+}$ 的超灵敏测定以及 $Ru(bpy)_3^{2+}$ 的固定化修饰电极的研究。

20 世纪 90 年代以后，ECL 的仪器装置、电极材料和光电信号的传导材料〔如铟锡氧化物电极（ITO）、微电极及超微电极、阵列电极、光谱技术及超声技术等〕的发展，使 ECL 分析应用范围延伸至药物分析、免疫分析、生物活性物质分析、DNA 分子检测及活体分析等领域。此外，为了提高 ECL 分析方法的灵敏度，加入表面活性剂、改变化合物的结构和研制超高灵敏度的 ECL 分析仪等都已成为研究的新方向。

进入 21 世纪，ECL 得到了进一步的发展，尤其是纳米技术、量子点、电化学发光成像和微阵列光化学传感器等技术的发展，以及更加灵敏、智能、微型和高速的检测仪的研发，进一步扩大了 ECL 的应用范围。A. J. Bard 小组在 2002 年 *Science* 上发表的"Electrochemistry and Electrogenerated Chemiluminescence from Silicon Nanocrystal Quantum

Dots" 开辟了一个 ECL 材料的全新领域[6]。在 A. J. Bard 小组研究的启发下，人们展开了对不同量子点 ECL 性能及其应用的研究。鞠晃先小组仔细研究了 CdSe/ 双氧水水溶液体系[7] 以及 CdTe/ 邻苯二酚衍生物水溶液体系的 ECL 原理[8]，并分别将两个体系应用于氧化酶的底物检测[9] 以及多巴胺和肾上腺素的检测[8]。除了常规的量子点 ECL 研究，不同构型的纳米半导体的 ECL 性能也引起了人们的关注。Miao 等应用牺牲模板法合成了 CdS 纳米管，具有很强的 ECL 性能[10]。

经过不断的发展，ECL 分析技术日益成熟，已经发展成为一门多功能的、广泛应用的技术。目前，ECL 已被广泛应用于食品、药物、环境、生物和免疫分析等众多领域，对科学的进步和发展起着显著的推动作用。

5.1.2 电致化学发光的基本原理

1. 发光物直接接受电极提供的能量生成激发态或自由基离子

传统的 ECL 中，电子在氧化剂和还原剂之间传递，ECL 的氧化剂、还原剂是在各自激发电位脉冲时产生于两电极上的。此方式按照激发态分子或离子产生的途径可以分成两种。如果能够获得足够的能量，则通过电子转移反应生成单线态激发态，这种通过单线态激发态途径产生的 ECL 被称为 S-路径（S-route），如图 5.2 所示。

$$A - e^- \rightarrow A^{+\cdot}$$

$$B + e^- \rightarrow B^{-\cdot}$$

$$A^{+\cdot} + B^{-\cdot} \rightarrow {}^1A^* + B$$

$$^1A^* \rightarrow A + h\upsilon$$

图 5.2　S- 路径示意图

如果能量不足以发生电子转移反应，则先生成两个三线态激发态，然后两个三线态激发态 "合并" 以提供足够的能量生成 A 的单线态激发态，这又被称为 T-路径（T-route），如图 5.3 所示。

$$A^{+\cdot} + B^{-\cdot} \rightarrow {}^3A^* + B$$

$$^3A^* + {}^3A^* \rightarrow {}^1A^* + A$$

$$^1A^* \rightarrow A + h\upsilon$$

图 5.3　T- 路径示意图

大多数芳香化合物的 ECL 按照上述途径进行。例如各种多环芳烃（PAHs）[11-13]。PAHs 主要由工业废气和有机物不完全燃烧所产生，经常作为环境污染物存在于空气、土壤和水中。PAHs 的激发态离子是在两个电极（或一个电极，但不断转变电极的正负极性）的阳极氧化产物和阴极还原产物之间反应所产生的。这些芳香化合物的 ECL 大多存在 S-路径或 T-路径，但是不管是哪种路径，激发态的类型都是由它们相对能量的大小决定的。在能量足够的体系中，自由基通过两种路径湮灭，但 S-路径占主导地位。在这类 ECL 中，A 和 B 都可以是被分析物，而且被分析物和化学发光试剂都可以无损再生。典型的 S-路径的例子是 9，10- 二苯基蒽 / 红荧烯体系，T-路径的例子是红荧烯 / 四甲基对苯蒽体系[13]。

由 PAHs 类物质发生湮灭反应产生 ECL 现象是研究得最为深入的 ECL 反应之一。值得注意的是，这类物质的 ECL 却很少用于实际样品的分析检测之中，原因是它们的 ECL 反应多要求非水介质如乙腈、二甲酰胺、苯基氰、四氢呋喃、1，2- 二甲基乙氧基烷等并以季铵盐为电解质，且要求体系除氧和除杂质。

2. 电化学产物同溶液中的氧化剂 / 还原剂产生 ECL 反应

A. J. Bard 小组第一次将 ECL 染料与草酸同时溶解在电解液中，并通过单一电氧化过程，实现 ECL[14]，从而发现了共反应物参与型的 ECL。这种类型的发光机理如图 5.4 所示。酰肼类化合物、各种无机金属配合物的 ECL 均属此类 ECL 的发光途径。

$$A - e^- \rightarrow A^+\cdot$$

$$A^+\cdot + Red \rightarrow {}^1A^* + Ox$$

$$或 A + e^- \rightarrow A^-\cdot$$

$$A^-\cdot + Ox \rightarrow {}^1A^* + Red$$

$$^1A^* \rightarrow A + h\upsilon$$

图 5.4 电化学产物同溶液中的氧化剂 / 还原剂产生 ECL 反应的示意图

在单一的电氧化过程中，最为典型的反应体系为三丙基胺（tripropylamine，TPA）-$Ru(bpy)_3^{2+}$ 的反应体系。该体系具有较高的检测灵敏度，$Ru(bpy)_3^{2+}$ 的检测限可低至 10^{-11} mol/L[15]。其反应机理如图 5.5 所示：

$$Ru(bpy)_3^{2+} - e^- \rightarrow Ru(bpy)_3^{3+}$$

$$TPA - e^- \rightarrow TPA^{+\cdot}$$

$$TPA^{+\cdot} - H^+ \rightarrow TPA\cdot$$

$$Ru(bpy)_3^{3+} + TPA\cdot \rightarrow Ru(bpy)_3^{2+*} + products$$

$$Ru(bpy)_3^{2+*} \rightarrow Ru(bpy)_3^{2+} + h\upsilon$$

图 5.5　TPA-Ru(bpy)$_3^{2+}$ 的反应过程示意图

在单一的电还原过程中，在合适的共反应物的存在下，同样也可以实现 ECL。该种共反应物参与型的 ECL 为"还原-氧化"型。其中，最为常见的是过硫酸盐-联吡啶钌体系[16]。其反应机理如图 5.6 所示：

$$Ru(bpy)_3^{2+} + e^- \rightarrow Ru(bpy)_3^+$$

$$S_2O_8^{2-} + e^- \rightarrow SO_4^{2-} + SO_4^{-\cdot}$$

$$Ru(bpy)_3^+ + SO_4^{-\cdot} \rightarrow Ru(bpy)_3^{2+*} + SO_4^{2-}$$

$$Ru(bpy)_3^{2+*} \rightarrow Ru(bpy)_3^{2+} + h\upsilon$$

图 5.6　S$_2$O$_8^{2-}$-Ru(bpy)3^{2+} 的反应过程示意图

在还原过程中，过硫酸根被还原，并分解形成强氧化型自由基 SO$_4^{-\cdot}$。还原型联吡啶钌离子 [Ru(bpy)$_3^+$] 被 SO$_4^{-\cdot}$ 氧化后，形成激发态 [Ru(bpy)$_3^{2+*}$]。

酰肼类化合物的 ECL 以鲁米诺为代表。自 1929 年 Harvey[2] 在电解碱性鲁米诺时发现电极上有发光现象以来，人们在鲁米诺的 ECL 机理和应用研究方面开展了很多工作。由于这类化合物具有发光效率高、试剂稳定、反应在水相中进行等优点，因而在分析测定中得到了广泛的应用；但是由于鲁米诺的 ECL 机理比较复杂，缺少合适的研究手段，人们对其 ECL 机理的认识存在很大的不足。鲁米诺相关的几种结构式如图 5.7 所示。

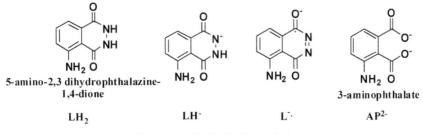

图 5.7　鲁米诺相关的几种结构式

85

一般认为鲁米诺的 ECL 机理类似于其化学发光的机理,Haapakka 和 Kankare[17] 利用旋转圆盘电极对此进行了详细的研究,提出了典型的鲁米诺发光机理,如图 5.8 所示。

(1)鲁米诺(LH₂)在碱性溶液中离解为一价阴离子。

(2)盘电极上施加一定的负电位(-0.7 V)用于还原溶液中的溶解氧成为 HO_2^-,同时施加对称方波电位到环电极上。

(3)盘电极旋转电解生成的 HO_2^- 被输送到环电极表面,在正电位脉冲区经由 $O_2^{-\cdot}$ 变成新生态氧,LH⁻ 经由鲁米诺阴离子自由基(L⁻·)变成 AP²⁻。

(4)某些超氧化物与 L⁻· 发生 ECL 反应产生光辐射。

$$LH^- - e^- \to LH^{\cdot} \to L^{\cdot} + H^+$$
$$O_2 + H_2O + 2e^- \to OOH^- + OH^-$$
$$OOH^- - e^- \to HO_2^{\cdot} \rightleftharpoons O_2^{-\cdot}$$
$$L^{\cdot} + O_2^{-\cdot} \to AP^{2-*}$$
$$AP^{2-*} \to AP^{2-} + h\nu$$

图 5.8　鲁米诺的 ECL 机理

3. 氧化物修饰的阴极发光

在某些金属的氧化电极上可以观察到另一类 ECL 现象——阴极发光。此类电极在阴极极化时在溶液中产生热电子,共反应物如过氧化氢、过二硫酸盐和过二磷酸盐等在阴极产生强的氧化性激发态分子而产生强的 ECL。如在过氧化氢体系中,过氧酸根离子从电极的导电区得到一个电子,等同于向该价键注入一个空穴,因此从导电区向该价键空穴转移电子过程中,有相应于这种半导体键穴能量波长的光辐射产生。另外,在不少情况下,某些无机离子和有机化合物会与氧化铝表面的羟基形成稳定的螯合物,从而改变了电极的表面状态。这时它们的发光所需能量较键穴转移能量低,故称之为"阴极次键穴 ECL"。近年来,利用 ITO 电极的阴极化学发光受到人们的重视。例如利用锡氧化膜涂抹硅电极在阴极脉冲极化时测定一些过渡金属的螯合物,检测限可达 10^{-9} mol/L,线性范围为 6 个数量级[18]。

由于能发生阴极发光的氧化物电极必须是具有较高氢过电位的金属,这一特征限制了此类反应在分析化学中的应用。

5.1.3 电致化学发光的实验装置

目前，ECL 装置一般是在化学发光仪器基础上结合电化学仪器组装而成，仪器包括电信号发生装置、电解池、光－电转换装置和记录系统等几个部分。电解池是 ECL 系统中的核心部分，可以分为常规静态式和连续流动式电解池（图 5.9），一般由研究者根据不同的实验需要而自行设计或改装。电解池通常采用三电极系统，其中工作电极采用铂、金、ITO、半导体（氧化铝覆盖电极表面）电极以及各种碳电极。

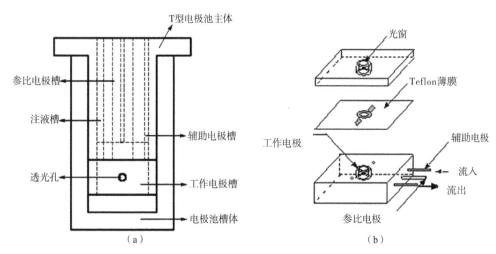

图 5.9　静态电解池
（a）和流动电解池；（b）结构图

一些微阵列电极（interdigitated microelectrode arrays，IDA）也被用于 ECL 测试中。Jennifer 等[19] 将基于微生物的免疫测定和微阵列电极耦合起来，得到一种灵敏的微型化的免疫测定装置。图示 5.10 为 IDA 电极的微观结构。他们利用该装置测定老鼠的免疫球蛋白，检测限达到 26 ng/mL。

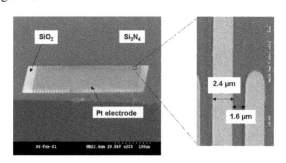

图 5.10　铂 IDA 电极的 SEM 图

光电倍增管由于其暗电流小－测光灵敏而广泛用于光电转化装置中。另外，电感耦合（charge coupled device，CCD）技术也被用来记录 ECL 强度的局部变化。Rusling 等[20]报道了利用 CCD 摄像机结合 ECL 技术研究细胞色素 P450 酶（CYPs）的代谢情况。其装置结构如图 5.11 所示。

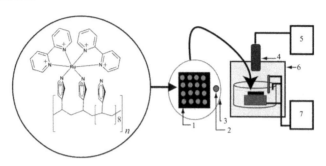

1—热解石墨；2—Ag/AgCl 参比电极；3—Pt 对电极；4—CCD 摄像机；5—计算机；6—暗室；7—恒电位仪

图 5.11　RuPVP 聚合物的结构图和 CCD-ECL 的装置图

5.1.4 电致化学发光的特点

ECL 结合了电化学和化学发光的分析技术，具有它们所具有的一些特点：

（1）具有高灵敏度及高抗干扰能力。ECL 信号由电化学手段激发产生，因而背景信号低，无须额外的滤波装置，从而无须使用昂贵仪器就可以获得高灵敏度的检测；而且由于 ECL 反应产生于电极表面，采用特殊的电化学技术给 ECL 提供了很多暂态控制。另外，通过优化电极的材料、尺寸和位置可提高方法灵敏度。而且通过固载的特殊物质的修饰电极上产生的 ECL 信号，许多不稳定分析物（如反应中间体）可产生瞬间 ECL 而被检测。相对于电化学测定法来说，ECL 方法抗干扰能力要强很多。

（2）ECL 设备简单，操作简便，可同色谱和电泳技术联用，用于检测分离物。由于 ECL 法的氧化剂直接由电极产生，因此不需要在分离液中加额外试剂，减少了运行成本，且可以克服由于添加试剂而带来的样品被稀释和峰展宽等缺点。这样的在线化合物不仅用于产生共反应物，而且允许检测大量的分析物。

（3）可进行原位现场分析。ECL 反应产生于电极，可通过控制电位来控制反应初始条件、速度和历程，即可以方便地进行原位、现场分析。

（4）对发光反应机理的研究有独特性。ECL 法可同时对发光强度和电解电流进行测定。另外，可通过发光信号的寿命和波长，进行同时不同参数和多种特性的分析，从而能提供更多的反应信息,有助于反应机理的阐明。

(5)重现性好,动态范围宽。某些分析物能通过电化学过程再生循环参与发光反应,大大提高方法的灵敏度。另外,一些 ECL 标记物,如钌的配合物具有可循环再生的特性,不仅有利于节省试剂,而且将此类循环 ECL 化合物固载,可制成可逆性良好的传感器。

5.2 电致化学发光技术在食品安全检测中的应用

"民以食为天,食以安为先。"食品是人类赖以生存和发展的物质基础,而食品安全问题是关系到人类健康和国计民生的重大问题。现阶段,加强对食品安全的检测是控制食品安全的重要手段之一。ECL 方法由于具有背景信号小、灵敏度高、线性范围宽等特点,在食品的农兽药残留、违禁添加物等物质的检测中得到了较好的应用。

5.2.1 电致化学发光法检测农兽药残留

1.电致化学发光法检测有机磷农药残留

农药残留是食品安全问题中不可忽视的一项。在农业生产中,有机磷农药是十分普遍且高效的杀虫剂,但是这些农药的广泛使用造成了许多潜在的危害,如环境污染以及人畜中毒等。此外,有机磷杀虫剂大部分是弱烷基化剂,如敌敌畏、敌百虫、乐果、甲基对硫磷等都能与 DNA 的鸟嘌呤起甲基化作用,有可能引发癌症,后果严重。本实例以敌敌畏为例,介绍 ECL 方法在敌敌畏检测中的应用[21]。

敌敌畏(2,2-二氯乙烯基二甲基磷酸,DDVP)(结构式如图 5.12a 所示)是广泛用于农作物除虫的杀虫剂,尽管它属于非持久性农药,而且在我国已禁止使用,但目前仍是检验检疫机关测定蔬菜瓜果农残含量的一项重要指标。鲁米诺作为最早研究、使用最广泛的化学发光试剂之一,被广泛应用于痕量检测、免疫测定、生物化学传感等领域(结构式如图 5.12b 所示)。

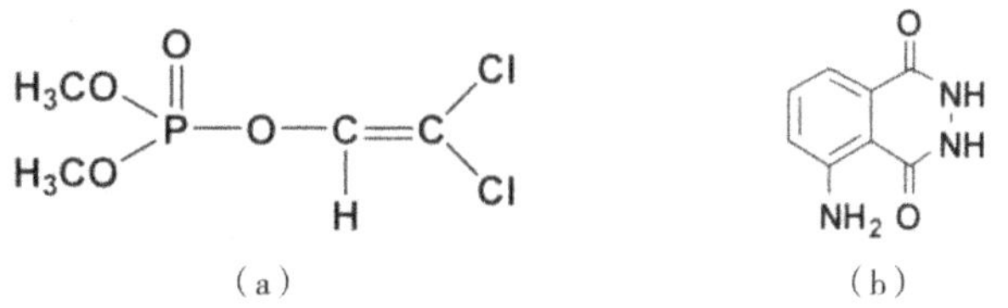

图 5.12 分子结构图
(a)敌敌畏;(b)鲁米诺分子结构图

本实例利用 ECL 方法，通过敌敌畏对鲁米诺 ECL 的增强作用，加上十六烷基三甲基溴化铵（CTAB）对敌敌畏－鲁米诺体系的进一步增敏，建立对水溶液中敌敌畏的测定方法。图 5.13 为玻碳电极在空白溶液（实线）和 2 ng/mL 敌敌畏溶液（虚线）中的循环伏安和 ECL－电位曲线图。从图中可以看出，无论溶液中是否含有敌敌畏，都会产生 20 mV 左右的化学发光。当施加在电极上的电压逆向扫至 -0.38 V［vs 饱和甘汞电极（SCE）］时，循环伏安图中有一明显的电化学还原峰，对应于氧气（O_2）被还原为过氧酸根 (OOH^-) 的过程，而从 ECL－电位曲线图中可以看出，只有含敌敌畏的溶液在 -0.38 V 处有明显的发光现象，空白溶液还是保留 20 mV 的化学发光不变，说明敌敌畏的加入是在该处发生 ECL 反应的关键。

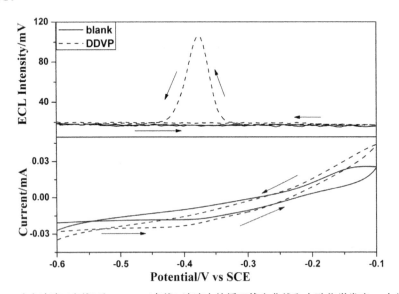

图 5.13　空白溶液（实线）和 DDVP（虚线）溶液中的循环伏安曲线和电致化学发光－电位曲线

选择合适的表面活性剂可以显著增敏某些体系的 ECL，从而实现对被测物质的高灵敏检测。本实例中，比较了几种常用的表面活性剂对敌敌畏－鲁米诺体系的增敏作用，如吐温－100（Tween-100），聚乙烯醇（PVA），聚乙烯吡咯烷酮（PVP），CTAB 和十二烷基磺酸钠（SDS），结果表明只有 CTAB 对本体系的发光有明显的增强作用，这是由于阳离子表面活性剂 CTAB 在溶液中起了反向胶束微反应器的作用，通过 CTA^+ 对鲁米诺阴离子和敌敌畏阴离子的吸附，提高了二者的局部浓度，有利于二者的反应，同时对激发态的 AP^{2-*} 的能量也起到了一定的保护作用。

在优化了 CTAB、鲁米诺、NaOH 浓度以及电压扫描区间和扫描方向对敌敌畏测定的影响后,得到测定敌敌畏的线性范围为 5 ～ 8 000 ng/L,检测限(*S/N*=3)为 0.42 ng/L。

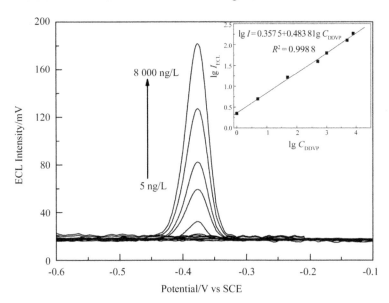

图 5.14　测定敌敌畏的标准工作曲线图

采用敌敌畏溶液喷洒,超纯水淋洗处理卷心菜叶,再将收集好的卷心菜淋洗液,定容成 50 mL 待测液,进行敌敌畏的回收率检测。根据图 5.14 的工作曲线,计算出收集到的淋洗液中敌敌畏的含量,如表 5.1 所示。可以看出,按照本方法得到的敌敌畏的回收率在 90.0% 到 103.8% 之间,标准偏差 RSD(*n*=5)在 2.68% 到 4.89% 之间,说明本方法有较好的精密度。

表 5.1　卷心菜中敌敌畏的回收结果

Sample No.	Residue ($g \cdot ml^{-1}$)	Added ($g \cdot ml^{-1}$)	Founded ($g \cdot ml^{-1}$)	Recovery (%)	RSD (%) *n*=5
		1.00×10^{-9}	0.94×10^{-9}	94.00	3.29
1	—	3.00×10^{-9}	2.85×10^{-9}	95.00	2.74
		5.00×10^{-9}	5.13×10^{-9}	102.60	2.68
		1.00×10^{-9}	0.96×10^{-9}	96.00	4.15
2	—	3.00×10^{-9}	2.83×10^{-9}	94.33	2.93
		5.00×10^{-9}	4.97×10^{-9}	99.40	3.17
		1.00×10^{-9}	0.95×10^{-9}	95.00	4.89
3		3.00×10^{-9}	2.79×10^{-9}	93.00	3.15
		5.00×10^{-9}	5.19×10^{-9}	103.8	2.97

在敌敌畏对鲁米诺 ECL 的增强机理中,溶液中溶解氧被还原产生的 OOH^- 对该体系发光起了关键作用,同时也说明反应主要是 OOH^- 与敌敌畏中水解出的磷酸盐反应,其产

物促进了鲁米诺的发光，而并非单纯是 OOH^- 被氧化成的 $O_2^-\cdot$ 促进鲁米诺的发光，这是因为 OOH^- 被氧化成 $O_2^-\cdot$ 在正向扫描时才能发生，而本实验检测到的发光信号都是在逆向扫描的 $-0.38\ V$ 处。鲁米诺－敌敌畏体系的 ECL 机理如图 5.15 所示：敌敌畏在碱性溶液中水解产生二甲基磷酸，被 OOH^- 氧化，形成二甲基过氧磷酸基，其在碱性条件下和鲁米诺阴离子反应，生成激发态的 AP^{2-*}，AP^{2-*} 跃迁回基态时产生发光。

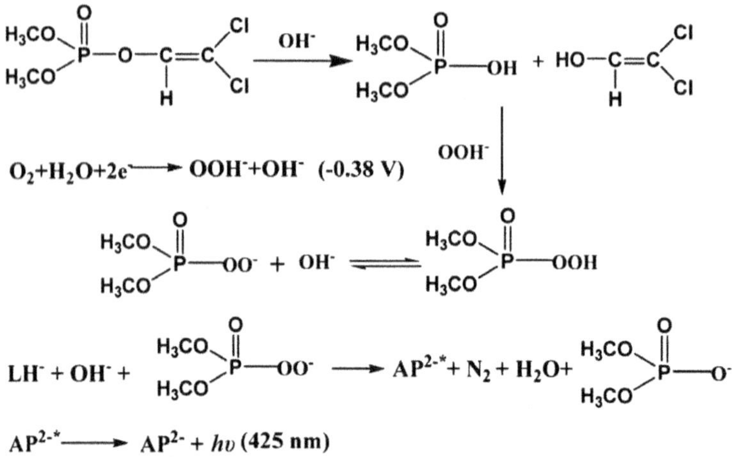

图 5.15　鲁米诺－敌敌畏体系的 ECL 机理

本实验以灵敏检测水溶液中的敌敌畏含量为例，说明了电致化学发光技术在农药残留中的应用。通过优化鲁米诺－敌敌畏体系的 ECL 条件，得到对敌敌畏测定的宽线性范围和低检测限，将该体系用于卷心菜中敌敌畏的回收率检测，结果令人满意。

2.电致化学发光法检测抗生素兽药残留

四环素类抗生素（tetracyclines，TCs）为广谱抗生素，主要包括四环素（tetracycline，TC）、土霉素（oxytetracycline，OTC）等（图 5.16）。由于具有良好的杀菌抑菌作用且价格便宜，TCs 作为兽药被广泛应用于动物养殖中。然而，不当或过度的使用可导致四环素类抗生素的残留，这对人类健康构成严重威胁。

目前，四环素类抗生素的主要检测方法包括微生物法[22]、薄层色谱法[23]、高效液相色谱法[24]、酶联免疫法[25]、液质联用法[26]、毛细管电泳法[27]等。其中，微生物法具有操作周期长、易受多种因素影响和准确性差等缺点。色谱法相对比较灵敏，但是需要有昂贵的仪器（如液质气质等），成本较高。分光光度法比较简单，但是灵敏度较低，在检测复杂的样品时，易受到背景信号的干扰使准确度降低。因此，发展一种新的测量体系，实现对抗生

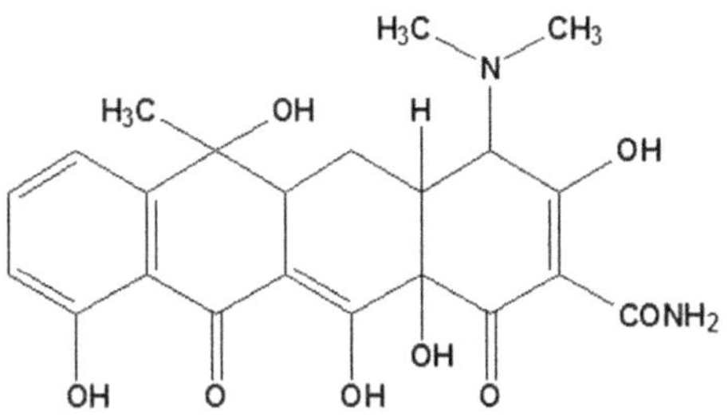

TC

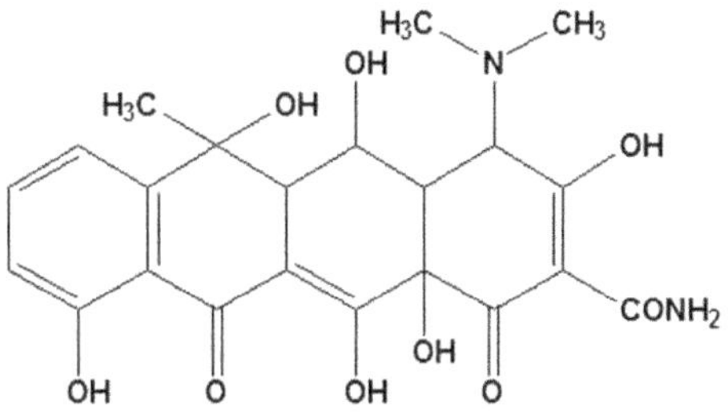

OTC

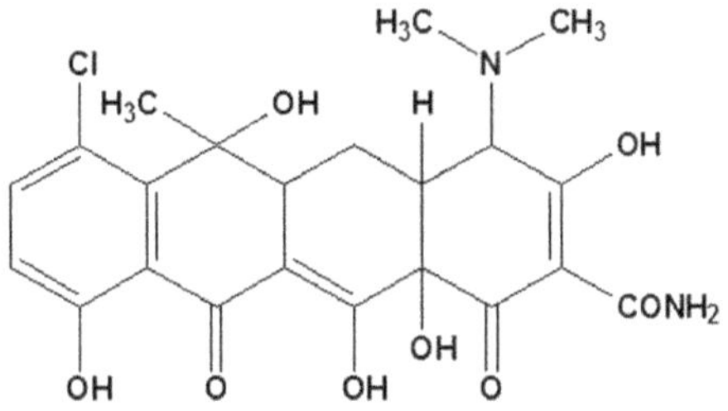

CTC

图 5.16　四环素（TC）、土霉素（OTC）的分子结构图

素残留方便、快速、灵敏的检测尤为重要。

毛细管电泳（capillary electrophoresis，CE）是 20 世纪 80 年代兴起的一种新型分析分离技术，具有分离效率高、分析速度快、样品用量少、装置简单等特点。毛细管电泳–ECL 法（CE-ECL）是毛细管电泳技术与 ECL 检测技术相结合的一种分析方法，兼备了 CE 高分离效率和 ECL 高灵敏度的优点，是一种极具应用潜力的新型分析技术。本实例主要介绍 CE-ECL 法在抗生素的分离和检测中的应用。

MPI-A 型 CE-ECL 检测仪如图 5.17 所示，由数控毛细管电泳高压电源（0～20 kV）、电化学分析仪、多功能化学发光检测仪和多功能化学发光检测器四个部分组成。

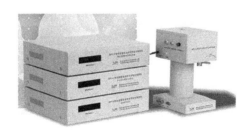

图 5.17　MPI-A 型 CE-ECL 检测仪图

CE-ECL 检测采用流动相电解池，如图 5.18 所示，其中电化学检测采用三电极系统：直径 300 μm 铂盘电极（工作电极）、铂丝电极（对电极）和 Ag/AgCl 电极（参比电极）。

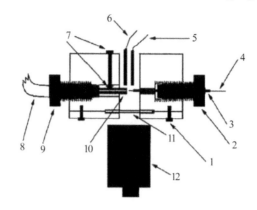

图 5.18　柱端检测池示意图

1—不锈钢螺丝；2—PVC 螺丝；3—不锈钢套管；4—分离毛细管；5—参比电极；6—对电极；

7—尼龙准直螺丝；8—工作电极导线；9—PVC 螺丝；10—工作电极；11—透光窗；12—光电倍增管

本实例考察了检测电位、运行高压、缓冲溶液浓度及 pH、进样高压和进样时间等参数对分离和检测的影响，得到 TC 和 OTC 的检测结果如表 5.2 所示。TC 和 OTC 的检出限（$S/N=3$）分别为 0.18 μmol/L 和 0.14 μmol/L，低于欧盟标准中最大残留限量（100 μg/kg）[28]。

表 5.2　方法的线性和检出限 （$S/N=3$）

	线性范围（mmol/L）	校准曲线	线性相关系数	检出限（μmol/L）
TC	0.01～0.1	$I_{ECL}=863.92C+13.038$	0.9976	0.18
	0.1～0.7	$I_{ECL}=153.73C++97.376$	0.9987	
OTC	0.01～0.1	$I_{ECL}=723.37C+12.529$	0.9985	0.14
	0.1～0.7	$I_{ECL}=181.19C+71.970$	0.9973	

注：I_{ECL} 为 ECL 的光强度，C 为检测物的浓度（单位 mmol/L）

用 CE-ECL 方法对牛奶进行加标回收测定。在最佳检测条件下，将 TC 和 OTC 浓度分别为 0.07 mmol/L 的加标牛奶样品连续进样 6 次，测得 TC 和 OTC 的相对标准偏差（RSD）分别为 4.4% 和 4.2%。在加标实验中，用 3 个水平的标准溶液加入法，且每个水平平行 3 次，计算其平均回收率。测定值与回收率测定结果如表 5.3 所示，TC 和 OTC 的回收率分别为 85.7%～95.7% 和 87.1%～93.6%，同时，RSD 均低于 5.3%。

表 5.3　TC 和 OTC 在牛奶中的回收率

	Added（mmol/L）	Found（mmol/L）	Recovery（%）	RSD（%）
	0.070	0.060	85.7	4.8
TC	0.140	0.125	89.3	3.2
	0.80	0.268	95.7	3.5
	0.070	0.061	87.1	5.3
OTC	0.140	0.131	93.6	2.5
	0.280	0.257	91.8	3.3

本实例利用 CE-ECL 联用技术实现对牛奶中四环素和土霉素残留的加标检测。结果表明，利用此法对 TC 和 OTC 进行分离检测具有高效、样品消耗少及操作成本低的优点，有望将其应用于食品中其他抗生素残留的检测。

5.2.2 电致化学发光法检测违禁添加物

1. 电致化学发光法检测盐酸克伦特罗

在 ECL 研究中，$Ru(bpy)_3^{2+}$ 由于具有水溶性好、发光效率高、化学性能稳定性、电化学可再生等特点，受到人们的广泛关注。然而，在液相 ECL 体系中，$Ru(bpy)_3^{2+}$ 作为一种昂贵的反应试剂被大量消耗，导致了环境污染和较高的分析成本。因此，将 $Ru(bpy)_3^{2+}$ 做固定化处理，通过合适修饰的方法固定在电极表面，构建固相 ECL 传感器，是 ECL 研究的一项重要内容。将 $Ru(bpy)_3^{2+}$ 固定在电极上的常见方法有 Langmuir-Bledgett 膜法、分子自组装膜法、离子交换聚合物薄膜法、溶胶－凝胶法和电极的表面巯基功能化法。纳米钌硅球（RuDS）利用纳米硅球表面的羟基将 $Ru(bpy)_3^{2+}$ 通过静电吸附作用富集并包埋在硅球的网状结构中，不仅可以保持 $Ru(bpy)_3^{2+}$ 原有的 ECL 性质，而且能利用二氧化硅的网状空间结构来减少 $Ru(bpy)_3^{2+}$ 在电极表面的流失。把 RuDS 固定于电极表面，可以提高电极表面 $Ru(bpy)_3^{2+}$ 的浓度，增强 ECL 强度，但是，绝缘性的纳米硅球增大了修饰电极的电阻，阻碍了电子的传导速率，在一定程度上影响了修饰电极的 ECL 效率。为了提高 RuDS 修饰电极的 ECL，可将金属纳米颗粒和 RuDS 复合，改善传感膜的导电性。铂纳米具有良好的导电性，除此之外，铂的电子层结构中，其 5d 电子未充溢，易与一些电子给予体形成分子杂化轨道，这使得铂纳米材料成为一种能够提高一些重要化学反应效率的催化剂。

95

盐酸克伦特罗（clenbuterol，CBT）俗称"瘦肉精"，是一种选择性 β-2-肾上腺受体激动药，可用于人类医学和兽医学的肺部疾病的治疗，能提高生长速度，加快肌肉的发育，降低脂肪的沉积，增大蛋白质合成率，口服后能快速被胃肠道吸收，容易积累在动物的肝、脏、肺部中。人体若长期食用含"瘦肉精"的食物，会出现头痛、胸闷等，严重者危及生命。因此，CBT 在许多国家中，都被禁止添加到动物饲料中。

本实例通过 CBT 对 Ru(bpy)$_3^{2+}$ ECL 信号的增敏作用，利用 RuDS 的 Si-O-Si 网格状结构固定 Ru(bpy)$_3^{2+}$ 分子，结合铂纳米粒子的高效催化作用，通过 Nafion 将修饰铂纳米粒子的联吡啶钌硅球（PtNPs@RuDS）固定在玻碳电极（GCE）表面，建立了一种检测 CBT 的固相 ECL 新方法[29]。

由于 PtNPs@RuDS 的形态特征会影响其光谱和电化学性能，因此控制纳米粒径的均匀性是提高 ECL 稳定性和灵敏度的关键步骤之一。由图 5.19（a）的扫描隧道显微镜（SEM）图中容易得到，PtNPs@RuDS 尺寸一致且分布均匀，从图 5.19（b）的透射电子显微镜（TEM）图中可以较清楚观察到 RuDS 粒径为 35 nm，PtNPs 的粒径为 5～10 nm，PtNPs 主要分布在 RuDS 表面。图 5.19（c）是电子探针-X 射线能量色散能谱图（EDX），从图中可以得知 Pt 的元素峰，可以确认硅球表面有 Pt。交流阻抗谱（EIS）是用于测量修饰电极导电能力的一个重要工具。图 5.19（d）显示的是裸 GCE、RuDS-GCE、RuDS/NH$_2$-GCE、PtNPs@RuDS-GCE 的 EIS 谱图，从图中可以看出，全部 EIS 曲线都有一个弧形，其半径和电化学反应的表面电阻相对应，如果弧形半径变大，则表示电子转移速度变慢，修饰电极的阻值更大。根据图可以看出，相对于裸 GCE（R_t= 210 Ω），RuDS-GCE（R_t= 490 Ω）的阻值增大，这主要是由于 RuDS 中含有绝缘的纳米硅球，使 RuDS-GCE 的电阻增加。RuDS/NH$_2$-GCE（R_t= 520 Ω）由于表面的氨基化硅氧层不导电，因此，相对于 RuDS-GCE 阻值增大。而 PtNPs@RuDS-GCE（R_t= 280 Ω）的阻值大大降低，这主要是因为 PtNPs 良好的导电性，有效促进物质间电子的转移，提高各物质的电荷转移效率，从而大大改善了修饰电极的导电性。

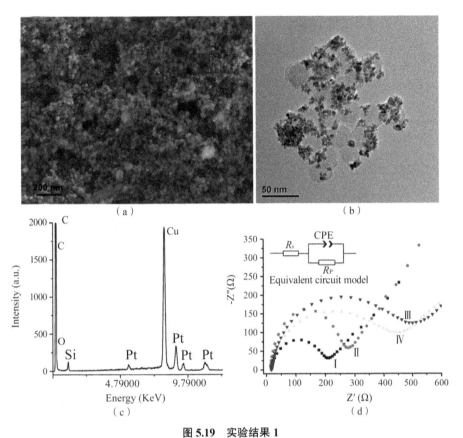

图 5.19　实验结果 1

（a）PtNPs@RuDS 的 SEM 形貌；（b）TEM 形貌；（c）EDX 能谱；（d）为裸 GCE（Ⅰ）、
RuDS-GCE（Ⅱ）、RuDS/NH2-GCE（Ⅲ）、PtNPs@RuDS-GCE（Ⅳ）交流阻抗谱（EIS）图谱

　　图 5.20 显示 PtNPs@RuDS/Nafion 修饰电极在含 CBT 以及不含 CBT 溶液中测得的
CV 和 ECL 曲线。从 CV 曲线可以看出，修饰电极在 1.05 V 时形成 $Ru(bpy)_3^{2+}$ 氧化峰，此
时，Ru（Ⅱ）被氧化成 Ru（Ⅲ），相应地，在 1.02 V 处形成 Ru（Ⅲ）被还原成 Ru（Ⅱ）的还

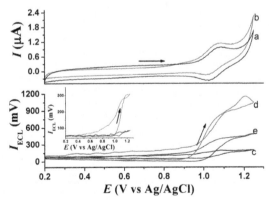

图 5.20　实验结果 2

在含有 CBT 的 PBS (pH=9.0) 的 PtNPs@RuDS/Nafion-GCE（b、d）、RuDS/Nafion-GCE（e）
和空白缓冲液里（a、c）的 PtNPs@RuDS/Nafion-GCE 的 CV 曲线以及 I_{ECL}/E 曲线。

原峰。同时，加了 CBT 溶液的曲线（b）相对于空白 PBS 缓冲溶液下的曲线（a）在 1.05 V 处的氧化峰略有增加，表明 CBT 能够渗透到铂纳米粒子中与 $Ru(bpy)_3^{2+}$ 反应。在 5 μmol/L $Ru(bpy)_3^{2+}$ 和 100 ng/mL CBT 溶液中，在 0.99 V 处开始出现 ECL 信号，随着扫描电压的增加，ECL 信号急速上升，到 1.17 V 时 ECL 信号达到最大值。因此可以得出，CBT 对 $Ru(bpy)_3^{2+}$ 具有明显的增敏作用，可以用 ECL 法对 CBT 进行定量检测。另外，比较 RuDS/Nafion 修饰电极的 ECL 行为可以发现，PtNPs@RuDS/Nafion-GCE 的 ECL 强度远远大于 RuDS/Nafion 修饰电极的 ECL，表明 PtNPs 的加入很大程度提高了电荷间的转移效率，从而使 ECL 强度显著增加。

在优化实验条件后，用 PtNPs@RuDS/Nafion 修饰玻碳电极得到 CBT 的检测线性范围为 50～100 ng/mL，三倍信噪比的检测限为 0.8 ng/mL，基于猪肉样品的回收率达到 89.5%～106.3%。本实例说明，将纳米技术和 ECL 技术相结合，可以拓宽 ECL 的检测范围，提高 ECL 的检测性能，更好地将 ECL 技术应用于食品安全检测中。

2. 电致化学发光法检测三聚氰胺

食品基质一般都较为复杂，因此，在食品安全检测中，传感器的选择性十分重要。分子印迹技术是一种可以从多组分的体系中特异性识别某种给定的分析物或分析物中某个特定基团的分子识别技术。其核心是制备对某一特定的目标物质（模板分子）具有特异性识别能力的印迹聚合物即分子印迹聚合物（molecular imprinted polymers，MIP）。将 MIP 作为传感器的识别元件并结合 ECL，制备 MIP-ECL 传感器，不仅具有一般 ECL 传感器灵敏度高、可控性好的优点，而且具备了选择识别能力，弥补了 ECL 传感器选择性差的缺陷。本实例以三聚氰胺（melamine，MEL）的检测为例，阐述 MIP-ECL 传感器在食品安全检测中的应用[30]。

MEL 俗称蛋白精，是一种氮杂环化合物，具有很高的氮含量（结构式如图 5.21 所示）。作为一种重要的氮杂环有机化工原料，MEL 常常被用于生产塑料、厨房用具、涂料工业、防水剂和阻燃剂等。MEL 对人体有害，研究证实高浓度的 MEL 会造成生殖和泌尿系统的损害，如泌尿系结石、急性肾功能衰竭，甚至诱发膀胱癌和婴儿死亡。因此，不可用于食品加工或食品添加物中，但是，由于 MEL 具有很高的氮含量（66%），在过去的一段时间里，常常被非法添加到食品和饲料中，来提高氮的含量。由 MEL 引起的食品安全事件很多，最严重的是 2008 年国内爆发的三鹿毒奶粉事件。此后，人们一度认为 MEL 不会再出现，然而，2014 年 1 月，MEL 再次在酸奶片中被发现，由此可见，MEL 的检测仍然十分重要。

图 5.21 三聚氰胺的分子结构式

在本实例中，利用沉淀聚合法制备 MEL MIP，以 MEL 为模板分子，α - 甲基丙烯酸（MAA）为聚合单体，预聚合后，二者通过 O—H 或 N—H 键的作用力互相结合，加入交联剂乙二醇二甲基丙烯酸酯（EDMA）后反应得到含有空间结构的共聚物，用洗脱剂把模板分子 MEL 去除，得到与 MEL 分子大小、形状和空间结构相同的孔洞。MEL MIP 和 RuDS 均匀分散后固定于玻碳电极上，得到 RuDS/MIP/Nafion 复合物修饰电极。在检测过程中，溶液中的 MEL 经特异性吸附，从溶液中萃取出来，富集在电极表面，增敏 RuDS 中 Ru(bpy)$_3^{2+}$ 的 ECL，从而实现对 MEL 的检测（如图 5.22）。实验考察了缓冲溶液 pH、电极孵化时间和电极修饰材料的浓度、修饰量对传感器检测性能的影响，在最优检测条件下，ECL 发光信号与 MEL 的浓度对数在 1×10^{-12} mol/L 到 1×10^{-7} mol/L 范围内呈良好的线性关系（$r = 0.9964$），检出限（$S/N = 3$）为 5.0×10^{-13} mol/L。

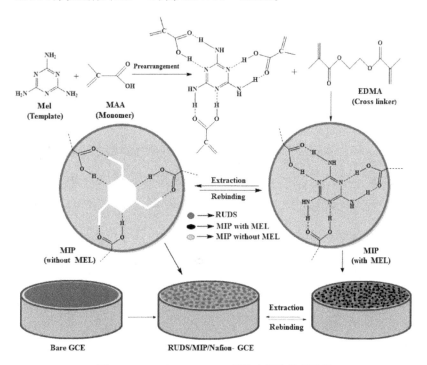

图 5.22　RuDS/MIP/Nafion 修饰电极的传感原理

在 MIP-ECL 传感器的研究中,检测的选择性非常重要。为了验证 RuDS/MIP/Nafion 传感器对 MEL 的选择性能,本实例选择了 MEL 的结构类似物二聚氰胺(Dicy)和三聚氰酸(Cya)作为对比。如图 5.23 所示,在浓度和其他条件都相同的情况下,MIP-ECL 传感器对 MEL 的选择吸附能力是其结构类似物 Dicy(27%)和 Cya(25%)的 3.7 倍以上,这主要是由于 MIP 只对与之孔洞结构相一致的分子才具有特异性的识别能力,说明所构建的传感器具有良好的选择性。此外 MIP-ECL 传感器对 MEL 的选择吸附能力远远高于非印迹聚合物(即在制备印迹物过程中不加入模板分子,简称 NIP)对 MEL(28%)、Dicy(17%)和 Cya(16%)的吸附能力,这是由于 NIP 不具有特异性的结合位点,只能非特异性吸附 MEL。以上结果表明此 MIP-ECL 传感器可以排除结构类似物的干扰,从而实现对 MEL 高选择性检测。

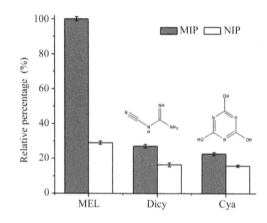

图 5.23　RuDS/MIP/Nafion 修饰电极对 MEL、Dicy、Cya 3 种不同物质选择性能的比较。

本实例还对 MIP-ECL 传感器膜的再生能力进行测定,使用同一个修饰电极反复多次测定浓度为 1×10^{-8} mol/L 的 MEL,结果如图 5.24 所示。经过 5 次反复吸附测定后,RuDS/MIP/Nafion 修饰电极仍能保持其原始性能的 78%,说明此 MIP-ECL 传感器具有很好的再生能力。这主要是因为:一方面,$Ru(bpy)_3^{2+}$ 作为一种稳定的发光试剂,能够长时间保持其良好的 ECL 特性;另一方面,MIP 所吸附的 MEL 可以通过高电位氧化除去,如图所示每次测定后发光信号值都趋于零,说明 MEL 完全除去,确保了 MIP 的特异性结合位点在后续重新富集 MEL,有利于传感膜的再生。

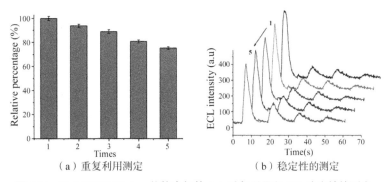

图 5.24 **RuDS/MIP/Nafion** 修饰电极的（a）重复利用和（b）稳定性的测定。

本实例说明，将分子印迹技术的萃取富集效应和 ECL 技术的高灵敏特点相结合，构建 MIP-ECL 传感器，可实现对特定物质的高灵敏度、高选择性测定，有利于拓展 ECL 技术在复杂基质食品检测中的进一步应用。

5.3 总结

电致化学发光分析技术结合了电化学和化学发光技术，具有装置简单、背景信号小、灵敏度高、线性范围宽等特点。本章围绕食品安全中的突出问题，以有机磷农药残留、四环素类抗生素残留、盐酸克伦特罗、三聚氰胺的检测为例，介绍 ECL 技术在这些物质检测中的应用。结果表明，ECL 技术与方法在和现代纳米技术及分离技术相结合后，分析性能得到显著增强，有力推动了其在食品安全检测领域中的进一步应用。

参考文献

[1] DUFFORD R T, NIGHTINGALE D, GADDUM L W, et al. Luminescence of grignard compounds in electric and magnetic fields and related electrical phenomena [J]. J. Am. Chem. Soc., 1927, 49(8): 1858.

[2] HARVEY N. Luminescence During electrolysis [J]. J. Phys. Chem., 1929, 33(10): 1456.

[3] KUWANA T, EPSTEIN B, SEO E T, et al. Electrochemical generation of solution luminescence [J]. J. Phys. Chem., 1963, 67(10): 2243.

[4] TOKEL N E, BARD A J. Electrogenerated chemiluminescence. IX. electrochemistry and emission from systems containingtris (2, 2'-bipyridine) ruthenium (Ⅱ) dichloride [J]. J. Am. Chem. Soc., 1972, 94(8): 2862.

[5] RUBINSTEIN I, BARD AJ. Polymer films on electrodes. 4. nafion-coated electrodes and electrogenerated chemiluminescence of surface-attached tris (2, 2'-bipyridine) ruthenium (+2) [J]. J. Am. Chem. Soc., 1980, 102(21): 6641.

[6] DING Z, QUINN B M, HARAM S K, et al. Electrochemistry and electrogenerated chemiluminescence from silicon nanocrystal quantum dots [J]. Science, 2002, 296: 1293.

[7] ZOU G, JU H. Electrogenerated chemiluminescence from a CdSe nanocrystal film and its sensing application in aqueous solution [J]. Anal. Chem., 2004, 76: 6871.

[8] LIU X, JIANG H, LEI J, et al. Anodic electrochemiluminescence of CdTe quantum dots and its energy transfer for detection of catechol derivatives [J]. Anal. Chem., 2007, 79: 8055.

[9] JIANG H, JU H H. Enzyme–quantum dots architecture for highly sensitive electrochemiluminescence biosensing of oxidase substrates [J]. Chem. Commun., 2007, 4: 404.

[10] MIAO J, REN T, DONG L, et al.Double-template synthesis of CdS nanotubes with strong electrogenerated chemiluminescence [J]. Small, 2005, 1: 802.

[11] BARD A J, FAULKNER L R. Electrochemical methods-fundamentals and applications[J], Wiley, NewYork, 1980, 621.

[12] GUILBAULT G G. Fluorescence -theory, methods, and techniques, New York, 1973, 447.

[13] FAULKNER L R, GLASS R S. Chemical and biochemical generation of exited states [J]. Academic Press, 1982, 191.

[14] RUBINSTEIN I, BARD A J. Electrogenerated chemiluminescence. 37. aqueous ECL systems based on tris(2, 2'-bipyridine) Ruthenium(+2) and Oxalate or Organic acids [J]. J. Am. Chem. Soc., 1981, 103: 512.

[15] LELAND J K, POWELL M J. Electrogenerated chemiluminescence: an oxidative-reduction type ECL reaction sequence using tripropyl amine [J]. J Electrochem Soc, 1990, 137: 3127.

[16] WHITE H S, BARD A J. Electrogenerated chemiluminescence. 41. Electrogenerated chemiluminescence and chemiluminescence of the $Ru(2, 21-bpy)_3^{2+} -S_2O_8^{2-}$ system in acetonitrile-water solutions [J]. J. Am. Chem. Soc., 1982, 104: 6891.

[17] HAAPAKKA K E, KANKARE J. The mechanism of the electrogenerated chemiluminescence of luminol in aqueous alkaline solution[J]. Anal. Chim. Acta., 1982, 138: 263.

[18] WU P, HOU X D, XU J J, et al. Electrochemically generated versus photoexcited luminescence from semiconductor nanomaterials: bridging the valley between two worlds [J]. Chem. Rev., 2014, 114: 11027.

[19] JENNIFER H T, SANG K K, HALSALL H B, et al. Microbead-based electrochemical immunoassay with interdigitated array electrodes[J]. Anal. Biochem., 2004, 328: 113.

[20] HVASTKOVS E G, KRISHNAN S. Electrochemiluminescent arrays for cytochrome p450-activated genotoxicity screening. DNA damage from benzo[a]pyrene metabolites[J]. Anal. Chem., 2007, 79: 1897

[21] CHEN X M, LIN Z J, CAI Z M, et al. Wang XR, Electrochemiluminescence detection of dichlorvos pesticide in luminol-CTAB medium [J]. Talanta, 2008, 76: 1083.

[22] IDOWU F, JUNAID K, PAUL A, et al. Antimicrobial screening of commercial eggs and determination of tetracycline residue using two microbiological methods [J]. Int. J. Poultry. Sci., 2010, 9: 959.

[23] BOSSUYT R, VAN RENTERGHEM R, WAES G, et al. Identification of antibiotic residues in milk by thin-layer chromatography[J]. J. Chromatogr A, 1976, 124: 37.

[24] SHARIATI S, YAMINI Y, ESRAFILI A, et al. Carrier mediated hollow fiber liquid phase microextraction combined with HPLC-UV for preconcentration and determination of some tetracycline antibiotics [J]. J. Chromatogr B, 2009, 877: 393.

[25] AGA D S, GOLDFISH R, KULSHRESTHA R, et al. Application of ELISA in determining the fate of tetracyclines in land-applied livestock wastes[J]. Analyst, 2003, 128: 658.

[26] ZHU J, SNOW D D, CASSADA D A, et al. Analysis of oxytetracycline, tetracycline, and chlortetracycline in water using solid-phase extraction and liquid chromatography-tandem mass spectrometry [J]. J. Chromatogra A, 2001, 928: 177.

[27] CHEN C L, GU X L. Determination of tetracycline residues in bovine milk, serum and urine by capillary electrophoresis [J]. J AOAC Int , 1995, 78: 1369.

[28] 食品伙伴网 . 动物性食品中兽药最高残留限量 [EB/OL]. (2002-12-24) [2014-04-15]. http://www. foodmate.net/law/shipin/163968.html.

[29] CHEN X M, WU R R, SUN L C, et al. A sensitive solid-state electrochemiluminescence sensor for clenbuterol relying on a PtNPs/RuSiNPs/Nafion composite modified glassy carbon electrode [J]. J. Electroanal. Chem., 2016, 781: 310

[30] LIAN S, HUANG Z Y, LIN Z Z, et al. A highly selective melamine sensor relying on intensified electrochemiluminescence of the silica nanoparticles doped with[Ru(bpy)$_3$]$^{2+}$/molecularly imprinted polymer modified electrode [J]. Sens. Actuat. B-Chem., 2016, 236: 614.

第6章
氧气对食品品质的影响及传感检测

氧含量是工业生产中的一个重要成分和控制参数。在食品行业中,尤其是啤酒、饮料和乳制品的生产过程和封装前,由于氧含量与酵母发酵过程和其产品有着极其重要的关系,含氧量的控制是一项重要的操作指标。一般情况下,氧含量越高,产品的质量越低,保质期越短;氧含量越低,产品质量越高,保质期也相应较长。大气中的氧气对食品中的营养成分有一定的破坏作用:氧使食品中的油脂发生氧化,这种氧化即使是在低温条件下也能进行;油脂氧化产生的过氧化物,不但使食品失去使用价值,而且会产生异臭,产生有毒物质。氧能使食品中的维生素和多种氨基酸失去营养价值;氧还能使食品的氧化褐变反应加剧,使色素氧化退色或变成褐色;对于食品微生物,大部分细菌由于氧的存在而繁殖生长,造成食品的腐败变质。所以,发展快速有效的氧浓度检测方法是当今科学发展中不可或缺的研究方向。

6.1 氧气对食品品质的影响

食品对氧气敏感。氧气会与食品中的各成分,包括脂类、蛋白质、糖类和维生素等发生化学反应而导致其氧化。此外,氧气还会促使霉菌和好氧微生物的生长繁殖。氧气的这两种作用直接或间接地导致了食品品质的变化,如营养流失、毒素形成、品貌变化和风味变化等。

本节将主要从氧化反应的角度介绍氧气对食品品质的影响。

6.1.1 氧气对食品营养成分（营养价值）的影响

食品中含有大量的化学物质，其中的营养物质经过摄取、消化、吸收和运输到达细胞从而发挥其生理功能。这些化学物质一般可分为六大类：水、无机盐、糖类（碳水化合物）、脂类、氨基酸及蛋白质和维生素等，此外，萜类、酚类、硫化物和吲哚类等也与机体的健康有关。

当食品被氧气或其他活性试剂氧化时，大部分营养物质都会发生变化，导致其营养价值的流失和保健功能的改变，这些影响的程度取决于氧化过程的可逆性、对发生变化的营养物质的消化吸收能力以及对新物质的新陈代谢能力。此外，不同食品成分对氧的稳定性不一样，故其氧化的程度也不一样。

这一节将简单介绍糖类、脂类和蛋白质这三种重要营养物质在氧气氧化作用下的改变以及这些改变对食品营养价值的影响。

1. 对脂类的影响

脂类中通常含有一个或多个活泼基团，易于发生氧化反应，通常称为脂质过氧化作用。这一过程，产生大量易挥发和不易挥发的物质，其中某些易挥发的物质具有特殊的气味，使得仅含少量脂质的食品中发生的脂质过氧化作用能够被检测到。因此，脂质的氧化成为食品工业中的重点检测对象。在机体中脂类发挥着重要的营养功能，包括提供能量；提供必需脂肪酸；作为脂溶性物质的载体；作为细胞、组织和器官的构筑成分以及机体的控制、调节。此外，特定的酯类有其独特的保健功能，例如 ω-3 脂肪酸和 α-亚麻酸有利于心血管健康[1]。这些功能在脂质氧化的影响下会发生一定程度的变化。大量研究表明，脂质氧化产物对人体健康有害，例如体内抗氧化剂的损耗、脂质过氧化作用的增强、葡萄糖耐受性的减弱以及甲状腺激素失衡等[2-5]。另一方面，脂质氧化产物在某些时候也能起到有益的作用，例如大量的动物喂养实验表明被氧化的脂质会影响脂类的新陈代谢从而降低肝脏和血浆中三酰基甘油和胆固醇含量，这一特性有望用于预防脂肪肝的发生和抑制动脉粥样硬化斑块[6, 7]。

2. 对蛋白质的影响

理想的食用蛋白应包含 20 种必需氨基酸且含量比适合，以满足人体新陈代谢的需求，包括维持肠道健康[8]、调节基因表达[9]、合成蛋白质[10, 11]、稳定细胞信号路径[12, 13]以及作为激素和其他有重要生理功能的低分子量含氮化合物的合成前驱体[14]。此外，食用蛋白的营养价值还与其被人体摄入后是否易于消化吸收相关[15]。

蛋白质中的氨基酸和肽链的氧化既可以是可逆的（温和条件下），也可以是不可逆的，通常发生在氨基酸侧链，改变蛋白质的疏水性、构型、溶解性以及对蛋白水解酶的敏感性，此外还可能造成蛋白质碎片化[16-19]。在温和条件下，蛋白质中的硫中心易于发生氧化作用，含硫的蛋氨酸和半胱氨酸是氧化活性位点，此外组氨酸、色氨酸和酪氨酸也相对易于氧化[20, 21]。而在更加极端的条件下，蛋白质中会氧化形成羰基，尤其是在含有赖氨酸、精氨酸、脯氨酸和苏氨酸残基的情况下。

蛋白质氧化会导致蛋白质交联、改变氨基酸侧链、破坏组氨酸、赖氨酸等必需氨基酸，使其营养价值流失。此外，还会降低猪肉等肉类对消化酶的敏感性而难以消化吸收[22]、降低肉类食用质量[23]以及造成奶制品等的腐败发臭而无法食用。另一方面，蛋白质氧化会破坏蛋氨酸等必需氨基酸而抑制其摄入量，这与寿命延长有一定的关联[24]。

3. 对糖类的影响

糖类较难发生氧化作用。食品中的其他成分通常会先于糖类发生氧化，形成的自由基会与糖类作用，从而产生糖类羰基化合物[25]。

糖类不仅自身作为能量物质，还能提供纤维素和低聚糖等具有重要生理功能的物质[26]。由于糖类难以氧化，对于其生理功能受氧化作用影响的研究较少。而糖类氧化或美拉德反应形成的二羰基化合物的影响研究较多，其具有强反应活性，能够与氨基酸残基作用形成稳定的氨基酸衍生物，通常称为晚期糖基化终产物。二羰基化合物一方面被描述为具有细胞毒性、基因诱变性、致癌性和促氧化性，另一方面被认为是有杀菌、抗病毒、抗寄生物和抗肿瘤功能的活性物[27]。

6.1.2 氧气对食品品貌风味（感官品质）的影响

食品感官品质是食品行业的重要指标，用于质量控制与质量保证、新产品开发、产品特点评估、产品受欢迎程度预测和产品货架寿命的评估。感官品质特征包括口味、气味、味道（品味＋气味）、质地和外观（颜色、湿度等）。

氧气的氧化作用是影响食物感官质量的主要原因之一，包括氧气在酶催化下与脂类、色素、金属离子、多酚类等的作用，通常都会对食品的味道、颜色和质地等产生不良的影响[28]。例如油脂的酸败、肉类的腐臭，水果和蔬菜的腐烂等食品变质现象，会直接影响食品的食用体验和安全性。除了直接的氧化作用外,氧气还会促进好氧细菌等微生物的生长繁殖而引起食品的腐败变质,主要类型包括:以碳水化合物为主的食品中,由于细菌生长代谢形成的多糖导致变黏腐败和变酸腐败;以蛋白质为主的食品中,由于细菌分解蛋白质而产生变臭腐败 [29]。

6.2 氧气对食品品质影响的机理

食品中的各种成分在氧气等活性氧化剂作用下会发生有害的氧化作用,影响食品的营养价值和感官品质。为了减缓和抑制食品的有害氧化,必须深入理解氧化作用的过程和机理,从原理上设计和实现对食品的保护。本节将简单介绍氧气对食品品质影响的机理。

食品氧化主要由食品内或环境中的活性氧(reactive oxygen species,ROS)引起。除含氧的自由基外,非自由基如过氧化氢、单线态氧、臭氧、次氯酸盐和过氧化亚硝酸盐等都是活性氧化剂,在氧化过程中起到不同的作用。以下主要从三线态氧(基态氧气)和受激活泼的单线态氧的角度,以脂类和蛋白质为例,分析氧化作用的过程和机理。

6.2.1 脂类氧化的机理

大部分的食品成分都会因活性氧的作用而发生变化,其中脂类的氧化作用较为特殊,又称为过氧化作用。由于脂类的活化能相对较低,能通过不同的机理引发氧化作用,包括自由基反应、光致氧化、酶反应和金属催化氧化。下面将介绍与氧气有直接关系的自由基反应机理和光致氧化机理。

1. 自由基反应

不饱和脂质的氧化主要通过自由基反应机理进行,也称为自动氧化作用,包括四个阶段:链引发、链增长、链分支和链终止,各阶段在一系列复杂而有序的过程中同时发生。脂质自由基反应机理和动力学在过去几十年已得到充分的研究和发展 [30, 31]。

在链引发阶段,LH 分子在羟基、过氧化氢、超氧化物自由基或高价铁血红蛋白的作用下失去一个 H 原子,形成一分子脂类烷基自由基 L·。加热、紫外照射、可见光照射和金属催化剂等作用均可加速链引发。

$$L\cdot + O_2 \rightarrow LOO\cdot$$

在链增长阶段,脂类烷基自由基与氧气作用形成过氧化物自由基,接着过氧化物自由基脂类分子作用形成脂类过氧化物,形成自催化的链式反应。第二步反应较慢,是该自由基反应的限速步骤,过氧化物自由基会选择性地进攻键合作用最弱的 H(通常是双键上的氢,因为对应自由基能通过共振效应稳定),因此脂质对氧的敏感性取决于双键上的氢的活性。

$$L \cdot + O_2 \rightarrow LOO \cdot$$
$$LOO \cdot + LH \rightarrow LOOH + L \cdot$$

在链分支阶段,脂质过氧化物发生单分子分解作用或在高浓度时发生双分子分解作用,后者的活化能较低。分支反应提高了反应体系的自由基浓度。

$$ROOH \rightarrow RO \cdot + HO \cdot$$
$$2\,ROOH \rightarrow ROO \cdot + RO \cdot + H_2O$$

在链终止阶段,两个自由基之间反应形成稳定的非自由基分子,从而结束链式反应:

$$LOO \cdot + L \cdot \rightarrow LOOL$$
$$L \cdot + L \cdot \rightarrow LL$$

2. 光致氧化

氧气在光能的作用下能够被激发至单线态,通常以叶绿素、血红素蛋白、维生素 B2 等为光敏剂。单线态氧是强亲电试剂,能够以不同于自由基反应的机理与不饱和脂类作用——单线态氧直接加到双键碳上,使双键位置迁移,形成双键为反式结构的脂质过氧化物(见图 6.1)。光致氧化的反应速率远大于自动氧化作用,如油酸氧化中光致氧化的速率约是自动氧化的 30 000 倍。

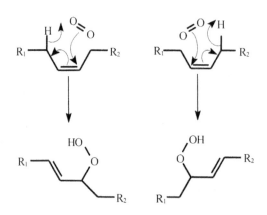

图 6.1 不饱和脂类在单线态氧作用下的氧化反应

3. 二级氧化产物

脂类过氧化物是脂类氧化的一级产物，具有高度的不稳定性，在加热、强光照和促氧化剂作用下，会通过 β - 裂解反应分解，形成二级氧化产物，包括醛、酮、内酯、醇、酮酸、环氧化合物和其他挥发性物质。某些二级氧化产物对人体有害，而且是脂类酸败臭味的来源[32]。二级氧化产物中最重要且研究最多的是短链的不饱和醛，由于醛基的高活性，它们易与细胞和食物成分反应，造成营养价值的流失。近年来的研究发现，丙二醛是含量相对最大、影响程度最大的二级产物[33]。此外，反式 -4- 羟基 -2- 壬烯醛（HNE）被认为是典型的具有毒性的脂质氧化产物。

6.2.2 蛋白质氧化的机理

蛋白质氧化可由活性氧化剂引发或被脂质过氧化产物间接作用。这一方向是食品科学近年来的热门领域之一，其研究开展了二十年左右，许多问题仍有待进一步地探索[34]。

多种活性氧化剂，包括超氧化物、过氧化自由基、羟基自由基和过氧化氢等非自由基物种，都可以引发通过自由基反应机理进行的蛋白质氧化。链引发阶段，易氧化蛋白分子被夺去氢原子，形成碳中心蛋白质自由基：

$$PH + HO \cdot \rightarrow P \cdot + H_2O$$

链增长阶段，蛋白质自由基与氧气作用形成过氧化自由基，再与另一蛋白分子作用形成过氧化物与又一分子中心蛋白质自由基，形成链式反应。

$$P \cdot + O_2 \rightarrow POO \cdot$$
$$POO \cdot + PH \rightarrow POOH + P \cdot$$

蛋白质过氧化物能进一步与过氧化自由基或低价态过渡金属如 Fe^{2+}、Cu^+ 等作用，形成烷氧基自由基和羟基衍生物：

$$POOH + HO_2 \cdot \rightarrow PO \cdot + O_2 + H_2O$$
$$POOH + M^{n+} \rightarrow PO \cdot + HO^- + M^{(n+1)+}$$
$$PO \cdot + HO_2 \cdot \rightarrow POH + O_2$$
$$PO \cdot + H^+ + M^{n+} \rightarrow POH + M^{(n+1)+}$$

通常，活性氧化剂的反应位点是蛋白质中的肽链和氨基酸残基侧链官能团。半胱氨酸、蛋氨酸等含有硫中心的活性氨基酸会首先被氧化，色氨酸残基也会被迅速氧化。除此之外，含有游离氨基、酰胺基或羟基的氨基酸（如赖氨酸、精氨酸、酪氨酸等）也同样易于氧化。

除上述活性氧化剂，脂质自由基也能与蛋白质分子作用，通过夺取氢原子，形成蛋白质自由基从而引发蛋白质的氧化，此外还会形成蛋白质-脂质加合物、蛋白质-蛋白质加合物等，或进一步与其他食品成分作用：

$$PH + L \cdot \rightarrow P \cdot + LH$$
$$PH + LO \cdot \rightarrow P \cdot + LOH / LO \cdot PH$$
$$PH + LOO \cdot \rightarrow P \cdot + LOOH / LOO \cdot PH$$

6.3 氧气的检测方法

在氧气环境中，食品受到氧化作用和微生物作用，导致质量和品质的下降，甚至会产生对人体健康有害的物质。为了减缓氧气对食品的破坏、保证消费者的健康和延长食品的保存期限，在食品包装中必须有效除氧。对此，食品行业发展出加入抗菌剂和氧气清除剂的活性包装，以及能够自动检测、传感、记录和溯源食品在流通环节中所经历的内外环境变化，并通过复合、印刷或粘贴于包装上的标签以视觉上可感知的物理变化来告知和警示消费者食品安全状态的智能包装。其中，最为关键的是氧气含量检测传感技术。

传统的测氧方法如碘量法、气相色谱法、磁式氧分析仪等能够精确地分析氧的浓度，但其操作繁琐或装置复杂，使用和维修都比较麻烦，测定成本较高，难以进行原位或在线测定。氧气含量检测传感方法具有结构简单、响应迅速、维护容易、使用方便、测量准确等优点。通过传感技术能够实现食品包装中氧气的浓度感知，以此监测食品从生产者到消费者这一过程中的食品安全状态，并以视觉上可感知的物理变化等手段告知和警示消费者关于产品的质量、安全、货架期和可用性等信息而广泛应用于食品包装[35]。对氧传感器，研究较为深入的是电化学氧气传感器和光学氧气传感器。

6.3.1 电化学氧气传感器

电化学传感器是化学传感器的一个非常重要的分支，也是目前研究最多、应用最为广泛的一种化学传感器。电化学分析所测的信号是电位、电流、电阻、电容和频率等的变化，可以直接测量，也便于自动化、小型化和智能化。

Clark 电极是最早发明的电化学氧气传感器之一，最初用于测量动脉血液样本的氧分压[36]。Clark 电极包含感应铂金属正电极和银金属负电极，并利用透氧膜进行密封包装。

在 800 mV 的极化电压下，氧气被还原为氢氧根，形成与氧浓度相关的电流，从而通过电流信号间接测定氧气浓度。电极反应如下：

正极反应：

$$\frac{1}{2}O_2 + 2e^- + H_2O \longrightarrow 2OH^-_{electrolyte}$$

负极反应：

$$2Ag + 2Cl^-_{electrolyte} \longrightarrow 2AgCl_{Ag} + 2e^-$$

虽然这种传感器能够提供准确的测量结果，但是具有高耗氧量、响应时间长、使用寿命短、未知的安全性等缺点，限制其广泛使用。

6.3.2 光学氧气传感器

由于电化学氧气指示剂的局限性，很多研究开始着手于光学指示剂来替代之前的检测手段，特别是光学氧气传感器研究最多。

光学氧气传感器通常基于氧气对荧光的猝灭作用。荧光染料在吸收一定波长的光后被激发，不稳定的激发态会跃迁至基态，发射出波长较短的荧光。这一过程中，氧气可通过动态的碰撞机制使处于激发态的荧光染料发生能量转移而发生荧光猝灭，导致荧光强度减弱和荧光寿命缩短。

$$荧光发射：L^* \rightarrow L + h\upsilon$$
$$荧光猝灭：L^* + O_2 \rightarrow L + O_2^*$$

光学氧气指示剂相比于电化学氧气指示剂的优点就是化学性质稳定，在光化学反应过程中既没有染料也没有氧气的消耗，而且没有副产物的生成，即通过生色材料提供了一种非侵入性的气体分析技术。

荧光猝灭的程度与氧气浓度相关，可通过 Stern-Volmer 公式描述 [37]，这一关系可间接测定氧气浓度。

$$\frac{I_0}{I} = 1 + K_{SV} \cdot P_{O_2} \tag{6.1}$$

I 和 I_0 分别是存在氧气和不存在氧气时的荧光强度，P_{O_2} 是氧气分压，K_{SV} 是决定光学氧气传感器灵敏度的猝灭常数，K_{SV} 正比于激发态寿命、描述氧气在猝灭介质中溶解性的亨利常数以及猝灭速率常数：

$$K_{SV} = \tau_0 K_H k_Q / 7 \qquad\qquad (6.2)$$

光学氧气传感器使用的荧光染料种类较多，如荧蒽、十环烯、金属卟啉类配合物、钌（Ⅱ）的双齿配合物等。其中，钌（Ⅱ）的双齿配合物具有很好的光稳定性、较长的荧光寿命和较高的猝灭效率，是较理想的荧光指示剂[38]。另一类较为重要的荧光染料是金属卟啉类配合物，尤其是八乙基卟啉铂（PtOEP）和八乙基卟啉铬（PdOED）[39]。由于这类配合物激发态的寿命较长，其对应的灵敏度要大于钌（Ⅱ）的双齿配合物。此外，其激发波长和荧光发射波长的差值（斯托克斯位移）大于 100 nm，使测量更易进行[40]。

6.4 氧气的可视化传感

氧气是一种维持地球生命的重要气体，氧浓度的检测已经被广泛研究。以往大多数的氧传感器是基于电化学、压力、光化学等实现定量氧含量测量，在医药、化学工业、食品包装、环境科学、生命科学等领域有着广泛的应用。但现有的这些氧传感器大多需要科学仪器辅助，繁琐复杂的光学和数据分析系统也限制了它们在日常生活中的广泛应用。基于双色系统的可视化氧感应器具备简单和可视化的检测方式，近年来引起了人们的关注。

6.4.1 比色式氧传感器

光学氧气传感器的缺点是需要昂贵的仪器、复杂的数据采集与处理系统，以及专业的操作人员，才能完成荧光的强度与寿命的测定[41]，在食品包装中的应用有一定的局限性。对此，通过肉眼观察颜色变化即可进行判断氧气含量的比色法氧气指示剂得到了广泛的研究，发展了氧络合比色型、氧化还原比色型等新型传感器。

氧络合比色型传感器利用氧气参与络合反应而发生颜色变化，如采用肌红蛋白类化合物与氧气反应制备指示剂。但是这类传感器颜色变化不明显，保存条件也受到限制，很难在食品包装中得到普及应用。

氧化还原比色型传感器由日本三菱公司首先应用，三菱公司成功研制出 Ageless Eye 氧气指示剂，其主要成分是氧化还原性染料亚甲基蓝（也称 MB，被碱溶液中的还原糖还原后，在无氧环境中呈现无色状态，一旦遇到氧气，便在 30 s 内被氧化至初始颜色蓝色）。

此类传感器的缺点是零售价很高且由于颜色变化的可逆性导致其可靠性不高。

比色法氧气传感器仍有大量的缺点和不足，距离成熟的商品化还需更多的研究与投入，目前的研究主要集中在高效的传感材料、传感器薄膜化和智能油墨印刷技术等方向，并朝着准确、高效、指示范围宽、颜色变化广、可重复使用时间长、环境友好及提高对各种印刷方式的适应性发展来保证将来的大批量生产。

6.4.2 比率式荧光氧传感

目前，比率式光学氧传感器的形式主要有三种[28]，分别是平板式，光纤式，纳米或微米粒子式（如图 6.2 所示）。平板式氧传感[29]一般由透光基底（如石英或玻璃）、固定材料和氧敏感探针构成。板式传感制备简单且易于仪器化，对海水中氧浓度的检测有着诸多的应用。光纤式氧传感[30]一般是将氧敏感探针固定在光纤外壁上，应用于环境中溶解氧的检测，特别对于长距离的实时监测，光纤式传感有着明显的优势。而纳米或微米粒子式氧传感也有诸多的优点。粒子式的氧传感器具有较大的比表面积，对氧通透性好，响应灵敏，反应速度快。传感颗粒纳米化后可有效地减少氧敏感探针的自猝灭现象，实现对探针的高浓度固定，大大地提高了氧传感器的荧光发射强度，更有利于氧浓度的可视化检测。重要的是，纳米式的氧传感可以应用到微米或纳米尺寸的生物体系中，如细胞、组织和微生物生长环境等，可以通过直接的荧光成像，对生物体生长状态进行监测[31]。所以比率式纳米氧传感的研制已引起了研究者的高度重视。

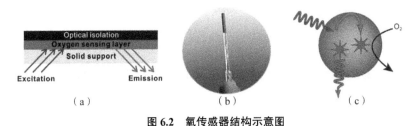

图 6.2　氧传感器结构示意图
（a）平面式；（b）光纤式；（c）纳米或微米粒子式

6.4.3 商品化的氧气可视化传感器

荧光传感器薄膜与 2D 读取技术相结合，可以将多相样品中的氧气分布可视化。VisiSens 2D 成像系统由 VisiSens 探测器元件、传感器薄膜、VisiSens 分析软件和相对应的适配管组成，主要应用包括沉积物中氧气的成像、植物和土壤中的分析物随空间和时间的变化、在细胞培养和组织工程中氧气的检测和对微流体进行非侵入式2D分析成像等领域。

为了便于检测，样品表面被传感器薄膜覆盖，传感器将分析物含量信号转换成光信号，使用数码相机逐个像素记录传感器的响应。使用VisiSens可以监测分析物在空间和时间范围内的变化。VisiSens不但可以提供样品区域的分析物分布全貌，还可以自由选择感兴趣的区域来调查空间和时间范围内的梯度分布。

1. 检测原理

检测时使用的光化学传感器基于荧光淬灭原理和双寿命技术。荧光淬灭原理是指传感器上的荧光物质被LED灯发出的激光激活，处于活跃状态的荧光物质与对应的敏感分子相遇时，荧光物质的一部分能量会以非辐射的方式传递出去，相应地，荧光信号就会衰弱或者淬灭。荧光寿命是荧光物质的本征参量，不受其浓度变化的影响，也不受光源光强变化的影响，因此，用检测仪测量得到的荧光强度衰减和荧光寿命缩短就可以反应被检测物的真实浓度。（如图6.3所示）

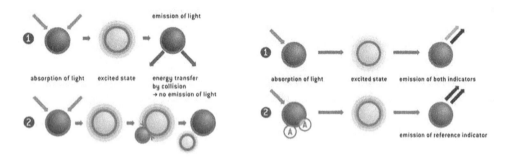

图6.3　检测原理图

2. 系统组成

VisiSens系统主要是由探测器、传感器薄膜和分析处理软件组成（图6.4）。VisiSens探测器的手持摄像头是用于读出O_2传感器薄膜荧光信号的探测器，它们通过USB连接到计算机或者笔记本电脑。通过控制焦距，从而实现从微观到$4 \times 3.2 \ cm^2$的各种视野下的检测。传感器薄膜可以直接粘贴在样品上或者透明容器壁上，并将分析物含量信号转换为光信号，用于检测O_2传感器薄膜，薄膜可以按照实验所需的尺寸或形状分割。所有VisiSens分析处理软件都使用相同的用户界面。它们能够控制图像的记录和存储，并完成图像的处理和评估，获取的图像可以是单个图像或者随时间记录的一系列图像。VisiSens使微流体芯片中重要的培养参数2D可视化，可以在某个特定的区域以高分辨率或者通过整个芯片表面以非侵入的方式进行连续的监测，可以检测芯片内的代谢热点、记录时间序列、监测缺氧、细胞生长或氧气供应。

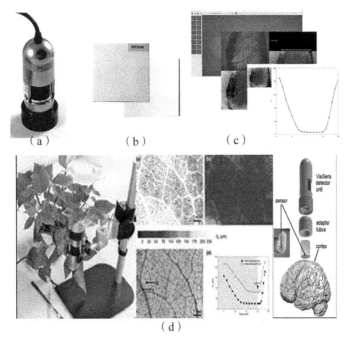

图 6.4　VisiSens 系统
（a）VisiSens 探测器；（b）传感器薄膜；（c）VisiSens 分析处理软件；（d）微流体系统中的非侵入式 2D 分析成像

6.5 氧气的智能包装材料

智能包装是一种具有信息交互功能的新兴技术包装材料，具有一定的数据存储和处理能力。主要应用于食品（查看食品是否变质，即食品保质期），药品（药品的质保）和日化用品（防晒霜包装上用于检测空气中的 UV 强度）中[42]。食品加工产业中，智能包装的使用使得收益放大、进一步保证食品的质量和安全性[43]。21 世纪以来，食品包装创造活动逐渐向前迈进，并朝着智能化的方向发展。处于整个食品供需链上的供、求者（食品生产商、食品加工商、物流经营者、零售商、消费者等）对食品包装的要求越来越严苛，力求通过高效、便捷的技术支持，以保障食品的安全性、质量和可追溯性[44]。氧气的存在之于食品包装中往往是有害的，氧气与包装中的食物发生化学反应使得其发生氧化酸化变质，亦会促进好氧细菌和霉菌、腐生细菌等的繁殖，进而使食物失去本身鲜亮的色泽，褪色腐败。因此，对食品包装袋内的氧气进行实时监测、除氧防腐之于包装行业而言至关重要。食品的包装除了要满足愈发严格的监管要求、高利润的商业价值、考虑环境压力下的可持续问题,更重要的是包装上的创新应该旨在可预知的包装内信息反映,于是,智能包装应运而生。我们将智能包装定义为一种应用高新技术执行智能功能的包装系统,用以延长食品保质期、增加安全、提高质量、提供信息等。

智能包装在产品运输环节中实现传递和记录监测包装内部信息的工具是指示剂。指示剂以包装标签的形式印刷或者直接在生产时制备于包装膜上,视觉上即可传递信息,不仅起到了密封、延保的作用,而且实现了消费者与包装内部食品的安全信息交互。

6.5.1 气体指示剂

包装袋内食物的质变、包装的原初状态以及包装袋内环境变化往往通过包装顶部空间的气体组成呈现。例如,新鲜蔬菜的呼吸作用、腐生细菌的产气、外部气体的渗进或包装泄露等都有可能导致包装袋内气体组成发生变化。气体指标监测气体组成的变化,从而提供一个监测食品安全和质量的手段。空气中的氧气会导致食物氧化变酸、变色、微生物腐败作用,因而是食物中最常见的气体指标。

1. 氧化还原染料指示剂

氧化还原染料指示剂是光驱动型氧气指示剂的一种(图6.5),能够直接通过人眼评估的氧敏感的光敏智能油墨是现今时代的一个持续需要。食品工业中,采用基于氧化还原染料的氧指示剂膜用于氧气食品包装指示。亚甲基蓝(MB)还原态呈无色(无色美兰,

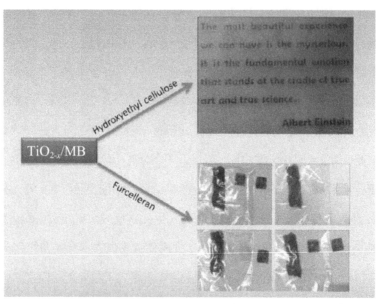

图 6.5 还原态无色的 LMB 经氧气作用变蓝,应用于食品的智能包装材料 [45]

LMB），在氧气作用下氧化为蓝色形态（MB）的指示剂。经紫外光照射的 TiO_2 纳米颗粒可使亚甲基蓝发生脱色反应：光生 TiO_2 纳米颗粒空穴被电子供体酒石酸占据，原空穴中的电子与蓝色 MB 结合还原成无色的 LMB，可见光也可对此现象辅助增强。通过利用稳定 LMB 并使其延长无色状态，该材料可用作氧气食品包装指示。

6.5.2 气调包装 MAP

气调包装 MAP（modified atmosphere package）是指通过初始调节包装内理想气体的组分，从而达到抑制产品变质以及延长产品保质期的一种新型食品保鲜技术（图 6.6）。食品通常采用一定比例的 CO_2、O_2 混合气作为保护气延长保质期。常规气调包装分析是对完整包装中的氧气和二氧化碳含量进行检测，为了控制质量、增强食品安全性，Mills 提出了一种基于溶胶–凝胶法的以钌（Ⅱ）–二氧胺为原料的氧气传感器。荧光作为指示剂监测不同阶段气置包装内部气体的成分变化，附着于食品包装上的指示剂在溶胶–凝胶基质中，通过检测荧光钌络合物的淬灭程度及淬灭时间实现对氧含量的监测。使用相位荧光测定技术记录荧光寿命，氧敏感状态的物质荧光的激发和发射信号、调频均有其特定值，不同荧光参数反映食品新鲜程度，这样的包装多用于红肉中。

智能包装已经成为包装科学中技术中心新的分支为食品安全，提供快捷、方便的信息交互，加强了对食品的安全性和质量的保障。包装技术的日趋进步，将把更多更便捷的指示技术引入食品的包装中来，不久的将来还可将指示标签与互联网技术相连，实现实时的信息传递，以达到更好的产品安全质量监测效果。

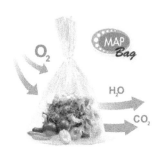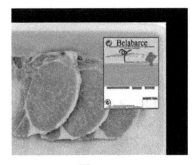

图 6.6　应用于猪肉的气调包装 [46]

参考文献

[1] SALA-VILA A，ROS E. Mounting evidence that increased consumption of α-linolenic

acid, the vegetable n-3 fatty acid, may benefit cardiovascular health [J]. Clin Lipidol 2011, 4:365.

[2] CHAO P M, HUANG H L, LIAO C H, et al. A high oxidised frying oil content diet is less adipogenic, but induces glucose intolerance in rodents [J]. Br J Nutr 2007, 1:63.

[3] EDER K, SKUFCA P, BRANDSCH C, et al. Thermally oxidized dietary fats increase plasma thyroxine concentrations in rats irrespective of the vitamin E and selenium supply [J]. J Nutr 2002, 6:1275.

[4] IZAKI Y, YOSHIKAWA S, UCHIYAMA M, et al. Effect of ingestion of thermally oxidized frying oil on peroxidative criteria in rats [J]. Lipids 1984, 5:324.

[5] LIU J F, HUANG C J. Dietary oxidized frying oil enhances tissue α-tocopherol depletion and radioisotope tracer excretion in vitamin E-deficient rats [J]. J Nutr 1996, 9:2227.

[6] RINGSEIS R, EDER K. Regulation of genes involved in lipid metabolism by dietary oxidized fat [J]. Mol Nutr Food Res 2011, 1:109.

[7] RINGSEIS R, MUSCHICK A, Eder K, et al. Dietary oxidized fat prevents ethanol-induced triacylglycerol accumulation and increases expression of PPAR α target genes in rat liver [J]. J Nutr 2007, 1:77.

[8] WANG W W, QIAO S Y, LI D F, et al. Amino acids and gut function [J]. Amino Acids 2009, 1:105.

[9] PALII S S, KAYS C E, DEVAL C, et al. Specificity of amino acid regulated gene expression: analysis of genes subjected to either complete or single amino acid deprivation [J]. Amino Acids 2009; 1:79.

[10] LEWIS A J, BAYLEY H S. 2-Amino acid bioavailability [M]. Bioavailability of Nutrients for Animals [J]. San Diego; Academic Press. 1995: 35.

[11] SURYAWAN A, CONNOR PMJO, BUSH J A, et al. Differential regulation of protein synthesis by amino acids and insulin in peripheral and visceral tissues of neonatal pigs [J]. Amino Acids 2009, 1:97.

[12] FLYNN N E, BIRD J G, GUTHRIE A S, et al. Glucocorticoid regulation of amino acid and polyamine metabolism in the small intestine [J]. Amino Acids 2009, 1:123.

[13] RHOADS J M, WU G. Glutamine, arginine, and leucine signaling in the intestine [J]. Amino Acids 2009, 1:111.

[14] WU G. Amino acids: metabolism, functions, and nutrition [J]. Amino Acids 2009, 1:1.

[15] ELANGO R, BALL R O, PENCHARZ P B, et al. Amino acid requirements in humans: with a special emphasis on the metabolic availability of amino acids et al. Amino Acids 2009, 1:19.

[16] LUND M N, HEINONEN M, BARON C P, et al. Protein oxidation in muscle foods: a review [J]. Mol Nutr Food Res 2011, 1:83.

[17] SCHEY K L，FINLEY E L，et al. Identification of peptide oxidation by tandem mass spectrometry [J]. Accounts Chem Res 2000, 5:299.

[18] TÖRNVALL U. Pinpointing oxidative modifications in proteins—recent advances in analytical methods [J]. Anal Methods 2010; 11:1638.

[19] XU G，CHANCE M R. Hydroxyl radical-mediated modification of proteins as probes for structural proteomics [J]. Chem Rev 2007, 8:3514.

[20] DAVIES M J. The oxidative environment and protein damage [J]. BBA-Proteins proteom 2005, 2:93.

[21] LI S，SCHÖNEICH C，BORCHARDT R T，et al. Chemical instability of protein pharmaceuticals: mechanisms of oxidation and strategies for stabilization [J]. Biotechnol Bioeng 1995, 5:490.

[22] SANTELHOUTELLIER V，AUBRY L，GATELLIER P，et al. Effect of oxidation on in vitro digestibility of skeletal muscle myofibrillar proteins [J]. J Agr Food Chem 2007, 13:5343.

[23] LUND M N，LAMETSCH R，HVIID M S，et al. High-oxygen packaging atmosphere influences protein oxidation and tenderness of porcine longissimus dorsi during chill storage [J]. Meat Sci 2007, 3:295.

[24] MCCARTY M F，BARROSOARANDA J，CONTRERAS F，et al. The low-methionine content of vegan diets may make methionine restriction feasible as a life extension strategy [J]. Med Hypotheses 2009, 2:125.

[25] SPITELLER G. Peroxyl radicals are essential reagents in the oxidation steps of the Maillard reaction leading to generation of advanced glycation end products [J]. Ann N Y Acad Sci 2008: 128.

[26] BRAEGGER C，CHMIELEWSKA A，DECSI T，et al. Supplementation of infant formula with probiotics and/or prebiotics: A systematic review and comment by the ESPGHAN committee on nutrition [J]. J Pediatr Gastr Nutr 2011, 2:238.

[27] WHITE J S. Misconceptions about high-fructose corn syrup: Is it uniquely responsible for obesity，reactive dicarbonyl compounds，and advanced glycation endproducts [J]. J Nutr 2009, 6: 1219.

[28] BYRNE D V，BREDIE WLP，BAK L S，et al. Sensory and chemical analysis of cooked porcine meat patties in relation to warmed-over flavour and pre-slaughter stress [J]. Meat Sci 2001, 3:229.

[29] 陈锋. 食品腐败变质的常见类型、危害及其控制 [J]. 法制与社会，2010, 13:182.

[30] SCHNEIDER C. An update on products and mechanisms of lipid peroxidation [J]. Mol Nutr Food Res 2009, 3:315.

[31] PORTER N A，CALDWELL S E，MILLS K A，et al. Mechanisms of free radical

oxidation of unsaturated lipids [J]. Lipids 1995, 4:277.

[32] DECKER E A, ALAMED J, CASTRO I A, et al. Interaction between polar components and the degree of unsaturation of fatty acids on the oxidative stability of emulsions [J]. J Am Oil Chem Soc 2010, 7:771.

[33] KANNER J. Dietary advanced lipid oxidation endproducts are risk factors to human health [J]. Mol Nutr Food Res 2007, 9:1094.

[34] ESTEVEZ M. Protein carbonyls in meat systems: A review [J]. Meat Sci 2011, 3:259.

[35] 谢思源, 刘兴海, 黎厚斌. 氧气指示剂在食品包装中的应用进展 [J]. 中国包装工业, 2014, 24: 162.

[36] CLARK LCJ. Monitor and control of blood and tissue oxygen tension [J]. Asaio J 1956, 1:41.

[37] MILLS A. Controlling the sensitivity of optical oxygen sensors [J]. Sensor Actuat B: Chem 1998, 1:60.

[38] MCNAMARA K P, LI X, STULL A D, et al. Fiber-optic oxygen sensor based on the fluorescence quenching of tris (5-acrylamido, 1, 10 phenanthroline) ruthenium chloride [J]. Anal Chim Acta 1998, 1:73.

[39] DOUGLAS P, EATON K, et al. Response characteristics of thin film oxygen sensors, Pt and Pd octaethylporphyrins in polymer films [J]. Sensor Actuat B: Chem 2002, 2:200.

[40] Papkovsky DB. New oxygen sensors and their application to biosensing [J]. Sensor Actuat B: Chem 1995, 1-3:213.

[41] WANG X, CHEN H, ZHAO Y, et al. Optical oxygen sensors move towards colorimetric determination [J]. Trends Anal Chem 2010, 4:319.

[42] 张正民. 我国智能包装应用现状与发展趋势 [J]. 现代商贸工业, 2016, 16: 45.

[43] YAM K L, TAKHISTOV P T, MILTZ J, et al. Intelligent packaging: Concepts and applications [J]. J Food Sci 2005, 1:R1.

[44] VANDERROOST M, RAGAERT P, DEVLIEGHERE F, et al. Intelligent food packaging: The next generation [J]. Trends Food Sci Tech 2014, 1:47.

[45] IMRAN M, YOUSAF A B, ZHOU X, et al. Oxygen-deficient TiO_{2-x}/methylene blue colloids: highly efficient photoreversible intelligent ink [J]. Langmuir 2016, 35:8980.

[46] 刘兴海, 陈廖, 李伟, 等. 泄漏指示剂在气调包装中的应用研究 [J]. 包装学报, 2016, 4: 71.

第7章

智能手机在食品安全检测中的应用

近年来，便携式的仪器检测设备受到越来越多的关注。这些设备被广泛应用于医疗保健、环境监测和农业食品部门。智能手机的发明为便携式检测仪器的设计和制作扩展了新的思路。智能手机是现代生活中普遍使用的一种电子产品，它类似于一个集操作系统、内存系统以及高分辨率摄像头为一身的微型计算机[1]。相比于实验室中的分析检测设备，智能手机更加廉价易得[2]。智能手机可取代实验室中一些需要经过培训的专业人员操作的大型昂贵仪器，用于日常检测当中。智能手机不受环境的限制，可以在各种环境中使用，包括偏远和欠发达地区[3-5]。例如，目前常规的食品安全检测方法往往需要使用实验室的大型仪器对食品中某些化学物质或者食源性病原体进行检测，而在资源匮乏的偏远地区，要将食物样品送到实验室检测往往存在一定的困难，基于智能手机构建的移动分析平台可以通过直接现场测试来克服这些困难。

智能手机配备了许多可用于分析和检测的组件，例如快速多核处理器、摄像头、电池和可视化界面等。除此之外，智能手机的几种无线数据传输模式（移动网络、Wi-Fi、蓝牙）能够将测试结果立即显示给用户或传输到云数据库。然而，智能手机一般需要与其他配件结合才能作为分析检测设备。这种移动分析平台在食品安全检测方面拥有巨大的应用潜力。例如不同的过敏人群可通过设备的个性化功能来设定自己的过敏原，用于快速现场检测所食用的食物中是否含有该过敏原。此外，农业部门也可以通过这种便携式的移动分析平台现场获取有关作物成熟度和健康状况的数据。随着传感技术和小型化电子技术的发展，这种基于智能手机的移动分析平台将被越来越多地应用于医疗诊断、环境监测和食品评估中[6]。

食品安全是指对食品按其原定用途进行生产或食用时不会对消费者造成损害的一种担保。目前，食品中不安全因素主要包括微生物风险、化学品风险、滥用制假风险等。近年来，发生的"红心鸭蛋""三聚氰胺奶粉""地沟油"等事件再次敲响了食品安全的警钟。食品安全常用的检测技术包括分光光度法、滴定法、色质联用法、质谱法、光谱法和生物方法，如微生物测定、计数法、免疫法、酶法、生物芯片法、PCR 法等。这些检测方法往往存在着检测时间较长、过程烦琐、成本高等不足。基于智能手机的一些食品安全检测仪器，能极大简化食品安全检验过程，并且具有较高的灵敏度和可信度。便携式的食品安全检测仪器还可进入人们的日常生活中，每个人都可以成为一名食品安全检测员，对日常饮食随时随地进行检测。

7.1 基于智能手机的设备

7.1.1 智能手机作为检测器

智能手机可作为一种检测器，与包含简化组件的设备联用，成为一种检测设备。智能手机的摄像头被用以捕捉外界的信号。Breslauer 等[7]发明了一种与智能手机相连接的显微镜，可用于明场和荧光成像。如图 7.1 所示，这种设备将不同的元件集成到一个系统当中。荧光成像系统包括标准显微镜目镜、发射滤光片、物镜、聚光透镜、激发光滤光片和收集透镜和发光二极管（LED）激发源等。拆下滤光片和 LED 之后，该装置可作为明场显微镜使用。作者将这种装置用以捕捉恶性疟原虫感染的明场高分辨率图像和奥胺-结核分枝杆菌阳性样品痰涂片的荧光成像，进一步证明该装置在临床诊断中的应用价值。虽然相关测试目前主要通过标准显微镜进行，但是智能手机所配备的摄像头的高分辨率足以进行血细胞和微生物形态的成像，从而用作这种显微镜系统的检测器。Tseng 等[8]报道了一款基

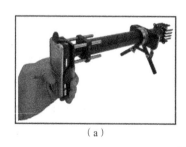

（a）

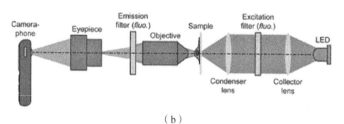

（b）

图 7.1　智能手机显微镜及其光学布局
（a）构造；（b）光学布局 [7]

于智能手机的无镜头数字显微镜，不使用镜头、激光或其他光学元件，大大简化了系统架构。作者使用 LED 垂直照射样品区域。当 LED 光束与样品相互作用时，光束被散射和折射。穿过样品的光波与未散射的光产生相互干扰，产生的全息图像可用智能手机的摄像头检测得到（图 7.2）。作者通过不同尺寸的微粒、红细胞和白细胞、血小板和寄生虫的成像来证明该装置的实用性。这款无镜头的智能手机显微镜不仅集各种组件为一体，而且成本低廉，具有较高的实用价值。

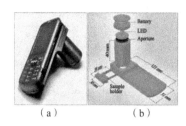

图 7.2　无镜头的智能手机显微镜及附件示意图
（a）无镜头的智能手机显微镜；
（b）智能手机连接附件示意图[8]

　　智能手机上所安装的 App 也可用于信号的检测。Preechaburana 等[9]首次提出了基于智能手机的角度分辨的表面等离子体共振（SPR）检测系统（图 7.3）。一个由聚二甲基硅氧烷（PDMS）橡胶和环氧树脂制成的元件被粘贴在手机屏幕上，这种元件的表面覆盖有一层镀金玻璃作为实验平台。手机屏幕的红色矩形部分发出的光通过该元件，产生的 SPR 图像被手机的前置摄像头记录，图像采集功能可由一个专门的 App 记录。除此之外，Gallegos 等[10]使用智能手机的摄像头作为用于无标签光子晶体生物传感器的小型化光谱仪的检测器（图 7.4）。智能手机被固定在与光学部件（准直器、偏振器、光子晶体和光栅）对准的位置，手机上的相应 App 将相机图像转换为光子晶体透射光谱。该装置被成功应用于固定的蛋白质单层分子和与功能化光子晶体结合的浓度依赖性抗体的检测当中。

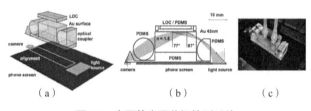

图 7.3　表面等离子共振检测系统
（a）基于智能手机的角度分辨的表面等离子共振（SPR）检测系统组装的示意图；（b）从屏幕到前置摄像头的光路示意图；（c）实验装置[9]

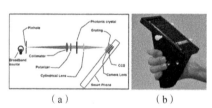

图 7.4　小型化光谱仪
（a）智能手机支架内的光学部件示意图；
（b）实验装置示意图[10]

7.1.2 智能手机作为程序控制和成像设备

　　智能手机运用于分析检测的另一种方式是通过 USB 端口、蓝牙或 Wi-Fi 使智能手机与分析设备相连。在这种形式下，分析设备负责样品的检测，智能手机则类似于一台迷你笔记本电脑，用于实验程序的控制并提供最终实验结果的显示。Stedtfeld 等[11]开发了一种能够快速定量检测多种遗传标记物的装置（图 7.5）。它包含一个由 4 个阵列组成的微流控芯片，每个阵列包含 15 个含有可用于等温扩增的脱水引物的反应孔，可用于同时分析 4 个样品。这个装置由 iPod Touch 进行控制，能够通过 Wi-Fi 进行自动化的数据采集、分析和报告。iHealth 实验室开发了一种与智能手机联用的无线智能血糖仪[12]。智能血糖仪是一种无线便携式的设备，通过蓝牙连接到智能手机或者平板电脑上，在 5 s 内能得到测试结果（图 7.6）。

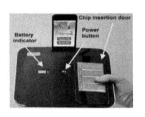

图 7.5　实验装置示意图[11]　　图 7.6　无线智能血糖仪[12]

这种设备还能够自动记录历史数据并且跟踪测试条的数量和有效期。客户在得到测试结果之后，还可以选择将相关数据与医护人员共享，以判断自身的健康状况。厦门斯坦道科学仪器有限公司推出了一款名为"康熙银针"的食用油安全检测仪，该产品结合智能 App（兼容安卓、iOS），一键操作，基于食用油健康的大数据分析库，将采集到的数据进行实时分析，转化为各项食用油品质指数，并具有全国健康用油排行榜[13]。

7.1.3 商品化的智能手机设备

目前，市场上已经有一些商品化的基于智能手机的检测设备出现。这些设备具有操作简单、外形小巧、方便快捷等优点，越来越多地被人们应用于日常生活中。如美

图 7.7　Mint 设备[14]　　图 7.8　AliveCor 血糖仪[15]

国 Breathometer 公司已经发布了一款商品化的酒精测试呼吸传感器。而它推出的命名为 Mint 的新产品，如图 7.7 所示，可用于监测人体口腔的健康状况。其检测原理是基于口腔中厌氧细菌生物膜产生的挥发性硫化物（例如硫化氢、甲硫醇）的检测，预期成本约为 80 美元[14]。经美国食品药品监督管理局（FDA）认证的 AliveCor 血糖仪可 24 小时提供相关医疗专家的服务，帮助消费者监测自身的健康状况[15]（图 7.8）。

7.2 基于智能手机的食品安全检测方法

基于智能手机的食品安全检测仪器主要分为两类：适用于实验室环境的智能手机生

物传感器和便携式的基于光谱学的小型化智能手机传感设备。

7.2.1 实验室智能手机生物传感器

生物传感器是指对生物物质敏感,将生物受体与目标分析物之间产生的可测量的信号以一定形式输出的仪器。生物传感器可实现对目标分析物的直接检测,具有很好的选择性。生物传感器的成本较低,分析速度快,往往在几分钟之内就能给出分析结果,具有小型化和便携性的应用前景,与智能手机结合,可用于现场分析污染物、药物、农药残留物和食源性病原体等。根据仪器的原理,可将这类设备分为以下几种:

1. 荧光成像

荧光成像是将荧光染料作为目标生物分子或化学分子的标记物,实现其可视化的过程。基于这种原理的食品安全生物传感器通常利用一个单色光源来产生荧光染料的激发,之后以智能手机的摄像头作为荧光信号的收集和测量仪器。通过使用不同的荧光染料,可实现对特定分子的选择性检测。

Zhu 等 [16] 开发了一种便携式的可定量检测水体和食品中大肠杆菌浓度的分析平台。水体样品注入经大肠杆菌抗体功能化的毛细管,与量子点结合的二级抗体随后被注入毛细管中作为荧光信号。量子点是具有独特光学和化学性质的无机纳米晶体,具有优异的发光特性和光稳定性。LED 灯为激发光源,量子点发射出的荧光信号通过一个附加镜片被传输到智能手机的摄像头中,通过量化每个毛细管的荧光发射,可以测定样品中大肠杆菌的浓度。整个测试过程可在两小时内完成,在缓冲溶液中的检测限为 $5 \sim 10$ CFU/mL。Ludwig 等 [17] 利用相同的概念检测牛奶中抗重组牛生长激素(rbST)抗体的浓度,如图 7.9 所示。rbST 可实现奶牛产奶量的增长,当其被注入奶牛体内时,就会产生这种 rbST 抗体,这种激素的使用在欧盟的相关法律规定中是被禁止的。除了与上述装置相同的部分之外,作者还利用一个发白光的 LED 灯来实现样品中微球的暗场成像。这一设备被成功应用于经 rbST 注射和未经其注射的奶牛的牛奶样品提取物的检测中,实验结果呈现 80% 的真阳性率和 95% 的真阴性率。

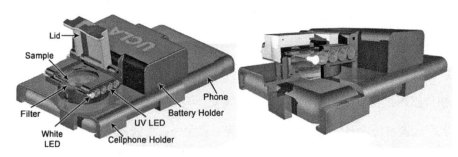

图 7.9　Ludwig 等开发的荧光成像智能手机示意图[17]

2. 比色法

比色法常被应用于生物化学中酶，抗体和肽类物质的测定。这种方法的工作原理是测量显色试剂或反应产物在某一特定波长下的吸光程度，吸光量与测试池中试剂的浓度成正比。智能手机的摄像头用于读取实验结果。采用智能手机得到实验结果比肉眼判断更加灵敏和准确。

如图 7.10，Coskun 等[18] 提出了一种可特异性检测花生污染的设备。与手机相连的附件重量约为 40 g，附件中可放置两个样品管，分别为测试样品和控制样。采用两个与样品管中活化试剂吸收波长匹配的 LED 灯照射样品管，产生的信号被智能手机的摄像头捕捉，利用手机上特定的 App 来实现目标分析物浓度的定量检测。这一数字化工具可实现花生污染物的定量测定，最低检测限可达到 $1~\mu g \cdot mL^{-1}$。

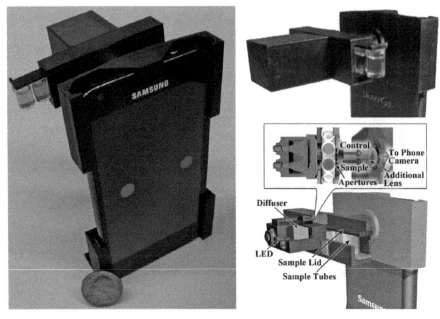

图 7.10　Coskun 等开发的比色测定智能手机示意图

Lee 等[19] 开发了一种简便、快速、准确的基于智能手机的免疫层析（LFIA）读取装置用于检测玉米中的黄曲霉毒素 B1。黄曲霉毒素主要是由黄曲霉寄生曲霉产生的次生代谢产物，存在于土壤、动植物、各种坚果中，特别是容易污染花生、玉米、稻米、大豆、小麦等粮油产品，是霉菌毒素中毒性最大、对人类健康危害极为突出的一类霉菌毒素。LFIA 是一种定量分析方法，将特异的抗体先固定于硝酸纤维素膜的某一区带，当该干燥的硝酸纤维素一端浸入样品后，由于毛细管作用，样品将沿着该膜向前移动，当移动至固定有抗体的区域时，样品中相应的抗原即与该抗体发生特异性结合，采用免疫胶体金或免疫酶染色可使该区域显示一定的颜色。实验采用三星 Galaxy S2 手机连同一个特写镜头和发白光的 LED 灯为颜色读取器，可改善该方法的检测限并且提高实验结果的准确度。Park 等基于微流控通道和化学染料比色法发展了一种评价红酒品质的便携式装置[20]。如图 7.11 所示，作者设计并制备了一种纸质的微流控芯片，这种芯片呈现花瓣状，中心部分用于装载红酒样品，花瓣部分的八个小槽用于滴加八种不同的染料，这几种染料与红酒中的一些主要成分反应之后会呈现出不同的颜色（RGB 不同），智能手机将实验结果拍照之后传输到 ImageJ 软件中进行分析。这种方法可用于鉴别红酒的品种和氧化度。Bueno 等[21] 结合膜技术、染料分子、化学计量学工具和智能手机，通过检测微生物释放出的胺类挥发性物质来进行食源性致病菌的诊断。食物腐败后发出的臭味就是来自于微生物释放的胺类。作者将五种不同染料（茜素、溴酚蓝、氯酚红、甲基红和百里酚蓝）通过浇铸的方式分别固定在醋酸纤维素膜中，再把这五种薄膜以一定的方式排列于一个塑料装置里。这五种染料可指示不同的 pH，当挥发性的胺类与染料接触时，会使染料薄膜发生不同的颜色变化。利用 iPhone 手机记录染料薄膜反应前后的颜色变化并通过相应软件进行分析即可鉴别三种不同的胺类化合物（三乙胺、异丁胺、异戊胺）。这种方法的检测限可达到 $1~\mu g \cdot mL^{-1}$。为了检测牛奶中的抗生素，Masawat 等[22] 先利用固相萃取技术（solid-phase extraction，SPE）从液体基质中分离和富集目标分析物四环素。为了保护系统免受外界光线的干扰，作者制作了将一个摄影灯箱的内壁喷上黑色油漆，装有四环素溶液的石英比色皿在荧光的照射下被放置在摄影灯箱内的样品池中。灯箱外的 iPhone 手机通过钻孔来捕捉数字图像，ColorConc 应用程序用于分析图像。该方法对四环素的检测限和定量限分别为 $0.50~\mu g \cdot mL^{-1}$ 和 $1.50~\mu g \cdot mL^{-1}$。

（a） （b） （c） （d）

图 7.11　Park 等提出的评价红酒品质的装置

（a）八种不同的染料（3 μL）被滴加在微流控芯片的八个小槽中并干燥；（b）红酒样品（30 μL）被滴
加在微流控芯片的中心；（c）智能手机对微流控芯片拍照；（d）红酒样品在微流控芯片内的流动路径 [20]

Monosik 等 [23] 提出了一种纸质比色分析速溶汤和葡萄酒成分的方法。首先利用谷氨
酸特异性酶等处理食物样品，在色谱纸上发生显色反应，采用智能手机进行拍照，图像经
ImageJ 软件处理可完成比色分析。这种方法的检测限可达到 0.028 mmol/L，而肉眼的检
测限为 0.05 mmol/L。Fang 等 [24] 利用 3D 打印技术制作了一个便携式的手机配件，将测试
条固定在配件上，智能手机用于图像采集和数据处理（图 7.12）。首先利用五个不同浓度
的目标分析物建立标准工作曲线，之后对实际样品进行检测。这种设备对贝类中两种常见
的毒素冈田酸（OA）和蛤蚌毒素（STX）的检测限分别为 2.800 ng/mL 和 9.808 ng/mL。整
个分析过程耗时约 30 min，并且操作简便，适用于样品的现场分析。

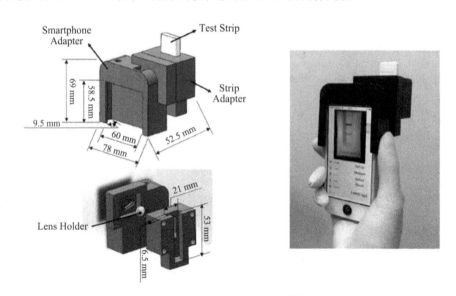

图 7.12　贝类毒素检测装置 [24]

氟的过量摄入会造成氟中毒，氟中毒是一种全身性的慢性疾病。氟中毒没有特效药
治疗，最好的防治措施就是改善水源。Levin 等 [25] 提出了一种可用于地下水中氟含量检测

的现场比色仪(图 7.13)。作者设计了一种与智能手机相匹配的附件,样品被放置在附件中,智能手机作为色度计。采集到的图像的 RGB 颜色分析由一款专门的软件来完成。实验结果得到的氟含量的线性范围在 0~2 mg/L 之间,与离子选择性电极得到的结果相当。这种检测方法不需要经过专业培训的人员操作,普通人即可利用这种设备来检测饮用水中的氟含量,确保饮用水的质量。

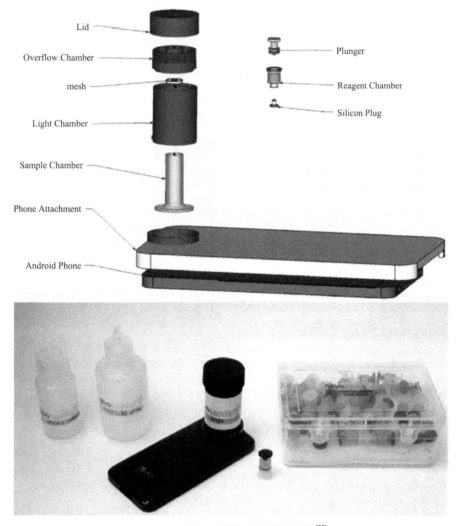

图 7.13　智能手机检测氟含量的装置[25]

3. 电化学分析

电化学分析是指将溶液作为化学电池的一个组成部分,根据从该电池的某种电参数(电阻、电导、电位、电流等)与被测物质的浓度之间存在一定的关系而进行测定的方法。根据测量的电参数的不同,电化学分析方法包括电位法、电流分析法、电导法、电重法、伏安法和库仑法等。电化学分析方法的检测性能好，设备简单并且成本较低，是一种适用于与智能手机联用的现场实时分析方法。

Dou 等[26] 开发了一套基于电化学装置的用于检测瘦肉精的生物传感系统。将大剂量的瘦肉精添加在饲料中可以促进猪的增长，减少脂肪含量，提高瘦肉率，但食用含有瘦肉精的猪肉对人体有害，造成肌肉振颤、心慌、战栗、头疼、恶心、呕吐等症状，特别是对高血压、心脏病、甲亢和前列腺肥大等疾病患者危害更大，严重的可导致死亡。瘦肉精在我国已经明确禁止使用。这种系统采取电场驱动的方法以加速电极固液界面上低浓度药物分子的运输。作者开发了一种智能手机生物芯片用以执行电化学检测并通过 USB 端口将数据发送到手机。该系统的检测时间为 6 min，检测限为 0.076 ng/mL。通过更换不同的功能化电极，此系统还可用于其他目标物的分析。

Giordano 等[27] 将自制恒电位仪与智能手机联用，可用于识别不同植物学和地理来源的巴西蜂蜜（图 7.14）。该方法主要运用主成分分析技术（principal component analysis，PCA），以金电极为工作电极，采取循环伏安法。这种生物传感平台将两个 USB 端口和两个蓝牙集成在恒电位仪硬件中，自行开发的 App 用以 PCA 法现场分析。该系统也能通过云端进行数据共享备份或者分析结果的远程处理。

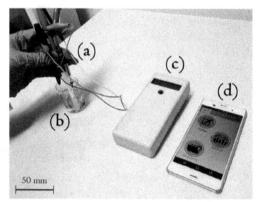

图 7.14　便携式电化学分析平台

（a）电化学系统；（b）样品；（c）手持式恒电位仪；（d）智能手机[27]

7.2.2 基于光谱学的小型智能手机传感设备

光谱分析是指根据物质的光谱来鉴别物质及确定它的化学组成和相对含量的方法。这种分析方法已经被广泛应用于医疗诊断、食品质量评估、环境监测和药物分析等方面，是一种快速灵敏无损的方法。然而，在工业或实验室中使用的大多数光谱仪设备是庞大而昂贵的，使其一度只能用于实验室分析。近年来，随着电子产品以及制造业的迅速发展，越来越多的便携式光谱仪开始涌现。技术的进步使得一些利用新型微技术如微机电系统（MEMS），微光机电系统（MOEMS），微镜阵列等的微型光谱仪得以发展。这类微型光谱仪不仅减少了制造成本和仪器大小，并且分析性能好，能够实现批量生产。

Liang 等 [28] 利用基于智能手机的光学诊断系统来检测腐败的牛肉中产生的微生物。他们利用一个 880 nm 的近红外 LED 灯垂直照射牛肉的表面，同时智能手机的摄像头在与入射光成 15°、30°、40°和 60°角的地方检测散射信号。智能手机的内置传感器和应用程序用于控制摄像头和入射光之间的角度。这种设备可实现对肉制品微生物污染的初步筛选。Mignani 等 [29] 提出了如图 7.15 所示的 SpiderSpec 的概念。SpiderSpec 是经 3D 打印出的呈圆柱形外壳的设备，它包含一个用于照明的 LED 阵列和用于检测的光谱仪。12 个可见光 LED 灯在光源处排列成圆形阵列，每个 LED 灯与中轴线成 45°角，使得阵列形似蜘蛛。光谱仪的检测范围在 350～800 nm 之间。LabVIEW 软件用来控制 LED 灯和光谱仪。作者认为通过与智能手机或平板电脑联用，该装置可作为一种物联网（internet of things，IoT）设备用于食品控制方面。

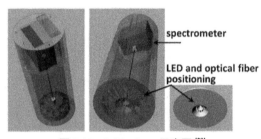

图 7.15　SpiderSpec 示意图 [29]

传统的傅里叶转换红外光谱分析仪（fourier transform infrared spectroscopy，FTIR）价格较为昂贵且体积较大，不适用于食品的现场分析。Hosono 等 [30] 提出了一种碱性电池大小的 FTIP 光谱仪，他们将豆粒大小的光谱模块安装在智能手机上，该装置可同时检测酒精饮料中的葡萄糖和乙醇。第一次实现光谱仪与智能手机通过无线连接的是 Das 等人，如图 7.16 所示 [31]。他们使用便携式的光谱仪来检测水果中叶绿素的紫外荧光。叶绿素是植物光合作用活性的指标，与水果被收获后的缺陷、损伤、衰老和成熟有关。更为重要的是，这种方式可实现水果成熟程度的无损分析。智能手机光谱仪用于检测受紫外光 LED 激发时不同水果表面发射出的紫外荧光。紫外 LED 灯的波长范围在 360～380 nm，光谱仪的检测范围在 340～380 nm。相关程序可将像素转化成波长。这种光谱仪通过蓝牙与智能手机相连。智能手机上安装了一个为安卓系统设计的 App，用于绘制光谱和分析实验结果。这种智能手机光谱仪具有通过一个喷嘴形的结构来发射和收集光线，可屏蔽杂散光的干扰。

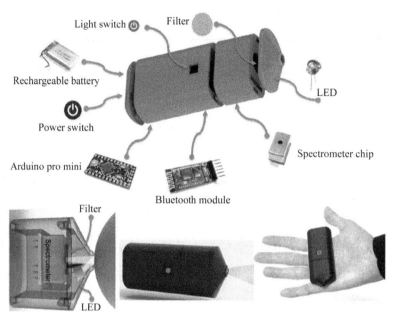

图 7.16 智能手机光谱仪的不同组件示意图 [31]

源自动物制品的食物污染是人类疾病的重要来源。动物粪便是致病性大肠杆菌的主要来源之一，这种大肠杆菌的污染与食源性疾病有关。目前，屠宰场的肉类检查环节，包括潜在的粪便污染，主要是通过人们的目视检查来进行的。Oh 等 [32] 发明了一种基于荧光的手持式成像装置，可作为人眼对肉类粪便污染检查的辅助工具。该装置采用 4 个 405 nm 的 LED 灯为荧光激发光源，并且包含一个电荷耦合（CCD）相机，一个 670 nm 的滤波片和一个可实时传输数据到智能手机或平板电脑上的 Wi-Fi 传输器。由于叶绿素代谢产物可发射出 670 nm 左右的荧光，牛的食物来源为植物，其粪便中含有大量叶绿素，利用这种器件可实现牛肉表面大多数粪便污染点的检测。将采集到的数据通过 Wi-Fi 传输并且采用 MATLAB 分析。Yu 等 [33] 开发了一款用于评估水果内部质量的手持式 NIR 光谱仪（图 7.17）。这种设备采用了线性可变的滤波器作为光色散组件。装置呈枪形，光源由四个对称分布的钨灯组成，它们被一个直径 6 mm 的橡胶环包裹，以防止表面散射光直接进入检测窗口。这种装置被成功应用于冠梨含糖量的检测，光源发出的光进入水果并且穿透部分组织，水果中产生的光信号进入检测窗口。这种装置可与智能手机、平板电脑或者笔记本电脑通过蓝牙连接，以实现光谱的分析。

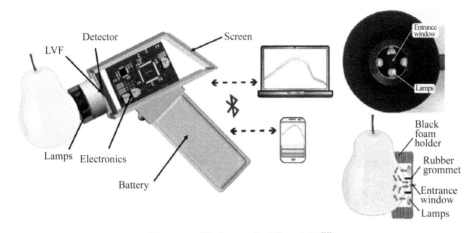

图 7.17　手持式 NIR 光谱仪示意图 [33]

7.3 智能手机食品检测设备新兴市场

智能手机食品检测设备作为一种方便、快捷、无需专业人员操作的食品分析手段,已经成为食品分析领域的一个新兴市场。许多公司发展了能够用于食品质量和成分检测的移动设备的新兴产品。这些产品类似于一个小型移动的实验室,通过蓝牙或 Wi-Fi 与专门的智能手机应用程序相结合,提供友好的用户界面,用于处理和显示测试结果。

MyDx 是由 MyDx 科技公司发明的一种基于电子鼻纳米技术的手持式电子分析仪 [34]。它可准确测量食品和水体中的目标物,如痕量的农残或金属离子,并通过 MyDx App 将结果发送到智能手机上(图 7.18a)。立陶宛考纳斯科技大学的研究人员与 ARS 公司合作开发了一款气体传感器——智能电子鼻 FOODsniffer [35],它利用鱼和肉腐烂后发出的气体来鉴别其腐烂程度(图 7.18b)。它的售价为 129.99 美元 [36]。Nimasensor 是由 Nima 公司开发的用于检测食品中的麸质的传感器 [37]。它基于免疫传感技术,利用特异性抗体与麸质的结合来引发传导过程,通过专门的 App 来显示实验结果。当麸质浓度低于 20 μg/mL 的时候,Nimasensor 的内嵌显示屏上会出现一个笑脸(图 7.18c)。这种设备的售价为 279.00 美元 [38]。食品扫描仪(Food Scanner)将无线近红外光谱技术(NIR)与先进的算法、云连接以及材料库相结合,可用于准确检测食品中的脂肪、蛋白质、糖类和总能量的含量 [39](图 7.18d)。TellSpec 公司开发的口袋大小的 NIR 光谱仪,将基于云技术的专利分析引擎与手机应用程序相结合,可识别食品中的卡路里、营养素、过敏原和污染物,并且提供食品造假和食品质量等相关信息 [40](图 7.18e)。SCIO 是以色列的 Consumer Physics 公司开发的一款用于分子分析的口袋式传感器[41]（图 7.18f）。此外，通过与长虹公司和 Analog Devices 公司合作，该公司刚刚宣布推出了全球首款集成 SCIO 模块的分子感应智能手机。

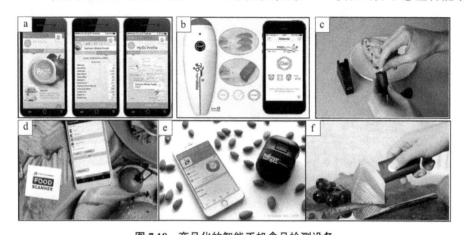

图 7.18　商品化的智能手机食品检测设备
（a）MyDx；（b）FOODsniffer；（c）Nimasensor；（d）Food Scanner；（e）TellSpec；（f）SCIO

7.4 总结与展望

　　智能手机是食品安全检测中一个具有较高科学和商业价值的新型检测平台。特别是随着生物医学、化学、生物技术、光学和工程学方面的发展，这种新型检测设备比传统的实验室仪器更加便携、经济和易于使用。智能手机在这些设备中起到提供简化的用户界面和可视化显示，数据处理，存储和无线传输等作用。这种设备通常无需提供专业的培训，并且检测时间短。但这种移动式的智能手机检测设备也存在一些不足，如生物传感器往往依赖于一次性墨盒或条带，并且需要侵入性地检测样品。基于光谱学的检测设备虽然能够实现样品的快速无损分析，但选择性差，并且需要复杂的多变量统计学和化学计量学工具结合以实现光谱数据集分析。这些问题都需要进一步地探讨和解决。这种基于化学检测设备和现代智能手机搭建的移动检测平台不仅适用于食品安全检测领域，在环境监测和生物医学传感等领域也存在着重大应用价值。

参考文献

[1] OZCAN A. Mobile phones democratize and cultivate next-generation imaging，diagnostics and measurement tools [J]. Lab Chip，2014，14 (17): 3187.

[2] VASHIST S K，MUDANYALI O，SCHNEIDER E M，et al. Cellphone-based devices for

bioanalytical sciences [J]. Anal Bioanal Chem, 2014, 406 (14): 3263.

[3] WU MY C, HSU M Y, CHEN S J, et al. Point-of-care detection devices for food safety monitoring: proactive disease prevention [J]. Trends Biotechnol, 2017, 35 (4): 288.

[4] Erickson D, Dell DO, Jiang L, et al. Smartphone technology can be transformative to the deployment of lab-on-chip diagnostics [J]. Lab Chip, 2014, 14 (17): 3159.

[5] MARTINEZ A W, PHILLIPS S T, CARRILHO E, et al. Simple telemedicine for developing regions: camera phones and paper-based microfluidic devices for real-time, off-site diagnosis [J]. Anal Chem, 2008, 80 (10): 3699.

[6] ZHANG D, LIU Q. Biosensors and bioelectronics on smartphone for portable biochemical detection [J]. Biosensors & bioelectronics, 2016, 75: 273.

[7] BRESLAUER D N, MAAMARI R N, SWITZ N A, et al. Mobile phone based clinical microscopy for global health applications[J] . PLoS ONE, 2009, 4 (7): e6320.

[8] TSENG D, MUDANYALI O, OZTOPRAK C, et al. Lensfree microscopy on a cellphone [J]. Lab Chip, 2010, 10 (14): 1787.

[9] PREECHABURANA P, GONZALEZ M C, SUSKA A, et al. Surface plasmon resonance chemical sensing on cell phones [J]. Angew Chem, 2012, 124: 11753.

[10] GALLEGOS D, LONG K D, YU H, et al. Label-free biodetection using a smartphone [J]. Lab Chip, 2013, 13 (11): 2124.

[11] STEDTFELD R D, TOURLOUSSE D M, SEYRIG G, et al. Gene-Z: a device for point of care genetic testing using a smartphone [J]. Lab Chip, 2012, 12 (8): 1454.

[12] <https://www.ihealthlabs.com/glucometer/wireless-smart-gluco-monitoring-system> (accessed 07.06.17).

[13] <https://www.instrument.com.cn/netshow/C263486.htm> (accessed 07.06.17).

[14] <https://www.breathometer.com> (accessed 07.06.17).

[15] <https://www.alivecor.com/home> (accessed 07.06.17).

[16] ZHU H, SIKORA U, OZCAN A, et al. Quantum dot enabled detection of escherichia coli using a cell-phone [J]. Analyst, 2012, 137 (11): 2541.

[17] LUDWIG SKJ, ZHU H, PHILLIPS S, et al. Cellphone-based detection platform for rbST biomarker analysis in milk extracts using amicrosphere fluorescence immunoassay [J]. Anal Bioanal Chem, 2014, 406 (27): 6857.

[18] COSKUN A F, WONG J, KHODADADI D, et al. A personalized food allergen testing platform on a cellphone [J]. Lab Chip, 2013, 13 (4): 636.

[19] LEE S, KIM G, MOON J, et al. Performance improvement of the one-dot lateral flow immunoassay for aflatoxin B1 by using a smartphone-based reading system [J]. Sensors, 2013, 13

(4): 5109.

[20] PARK T S, BAYNES C, CHO S I, et al. Paper microfluidics for red wine tasting [J]. RSC Adv, 2014, 4 (46): 24356.

[21] BUENO L, MELONI G N, REDDY S M, et al. Use of plastic-based analytical device, smartphone and chemometric tools to discriminate amines [J]. RSC Adv, 2015, 5 (26): 20148.

[22] MASAWAT P, HARFIELD A, NAMWONG A, et al. An iPhone-based digital image colorimeter for detecting tetracycline in milk [J]. Food Chem, 2015, 184: 23.

[23] MONOSIK R, DOS SANTOS V B, ANGNES L, et al. A simple paper-strip colorimetric method utilizing dehydrogenase enzymes for analysis of food components [J]. Anal Methods, 2015, 7 (19): 8177.

[24] FANG J, QIU X, WAN Z, et al. A sensing smartphone and its portable accessory for on-site rapid biochemical detection of marine toxins [J]. Anal Methods, 2016, 8 (38): 6895.

[25] LEVIN S, KRISHNAN S, RAJKUMAR S, et al. Monitoring of fluoride in water samples using a smartphone [J]. Sci Total Environ, 2016, 551-552: 101.

[26] DOU Y, JIANG Z, DENG W, et al. Portable detection of clenbuterol using a smartphone-based electrochemical biosensor with electric field-driven acceleration [J]. J Electroanal Chem, 2016, 781: 339.

[27] GIORDANO G F, VICENTINI MBR, MURER R C, et al. Point-of-use electroanalytical platform based on homemade potentiostat and smartphone for multivariate data processing [J]. Electrochim Acta, 2016, 219: 170.

[28] LIANG P S, PARK T S, YOON J Y, et al. Rapid and reagentless detection of microbial contamination within meat utilizing a smartphone-based biosensor [J]. Sci Rep, 2014, 4: 5953.

[29] MIGNANI A G, MENCAGLIA A A, BALDI M, et al. SpiderSpec: a low-cost compact colorimeter with iot functionality [J]. In Proceedings of the SPIE Fifth Asia-Pacific Optical Sensors Conference, Jeju, Korea, 20 May 2015; Lee B, Lee SB, Rao, Y, Eds.; SPIE: Bellingham, WA, USA, 2015, 9655.

[30] HOSONO S, QI W, SATO S, et al. Proposal of AAA-battery-size one-shot ATR fourier spectroscopic imager for on-site analysis-simultaneous measurement of multi-components with high accuracy [J]. Spie.Bios., 2015, 9314.

[31] DAS A J, WAHI A, KOTHARI I, et al. Ultra-portable, wireless smartphone spectrometer for rapid, non-destructive testing of fruit ripeness [J]. Sci. Rep., 2016, 6: 32504.

[32] OH M, LEE H, CHO H, et al. Detection of fecal contamination on beef meat surfaces using handheld fluorescence imaging device (HFID)[J]. Sensing for Agriculture and Food Quality and Safety VIII, 2016, 9864.

[33] YU X, LU Q, GAO H, et al. Development of a handheld spectrometer based on a linear variable filter and a complementary metal-oxide-semiconductor detector for measuring the internal quality of fruit [J]. J. Near Infrared Spectrosc 2016, 24: 69.

[34] <https://www.cdxlife.com/organa-sensor/> (accessed 07.10.17).

[35] GAILIUS D. Electronic nose for determination of meat freshness. U.S. patent application 14/376, 939, 8 June 2014.

[36] <https://www.myfoodsniffer.com/> (accessed 07.10.17).

[37] SUNDVOR S, PORTELA S, WARD J, et al. System and method for detection of target substances [J]. US Patent Application 15/265, 171, 26 September 2016.

[38] < https://nimasensor.com/>(accessed 07.10.17).

[39] <https://www.spectralengines.com/products/food-scanner>(accessed 07.10.17).

[40] WATSON W, CORREA I, et al. Analyzing and correlating spectra, identifying samples and their ingredients, and displaying related personalized information [J]. US Patent, 9, 212, 996, 5 August 2015.

[41] < https://www.consumerphysics.com/>(accessed 07.10.17).

第8章

大数据在食品安全快速检测中的研究与应用

随着互联网和其他领域，如经济、卫生保健、自然科学、生命科学、工程技术、人文科学和社会科学在内的所有领域的数据量爆炸式的增长，大数据、物联网、云计算等概念越来越收到人们的关注。随着大数据技术的兴起，大数据概念为我们提供了一种崭新的观察世界的方法和手段，而不再完全依赖于随机抽样和热衷于对精确度的追求。通过大数据，分析挖掘出小数据无法提取的有价值信息，对经济社会发展，提高产品和服务质量具有重要的意义[1]。大数据技术被称为引领未来繁荣的三大技术变革之一，它必将给食品安全快速检测领域带来重大影响。

在食品安全问题频发的今天，如何快速准确检测食品生产过程中的有害环节，保障食品安全是所需解决的主要问题，而大数据技术是解决此类问题的重要手段。我国虽然拥有机构庞大的各种各样的食品检测机构，包括国家、地方、高校、科研机构、企业和第三方检验机构等，每个机构都拥有庞大的食品安全相关的检验检测数据，但机构之间相互独立、数据无法共享，成为一个个信息孤岛，造成了资源的巨大浪费[2]。提高食品安全检测工作效率，使全国食品检验检测信息化系统更加智能化、流程化、透明化，并且实现全国领域的信息共享是大数据在食品安全中应用的一大目标。

由于食品生产过程中风险因素较多，且需要记录的信息量庞大，只依靠人为监管有所不足，而大数据技术在数据收集及处理、危害环节预测分析以及建立食品生产可追溯系统方面的优势可以很好地弥补监管上的不足，如对食品生产的各个环节信息进行存档，建立相关的档案管理信息系统实现全程可追溯，为消费者提供透明化可查询信息交互网络[3]；对当今新食品安全法、生产技术指标建立大数据库，为食品行业人群提供信息共享[4]；给食品生产商及食品企业研发部门提供最新的技术资讯，为高品质安全放心的食品提供有利环境[5]；有效提高政府等监管部门的监管力度，对于突发安全事件也可快速建立风险预案，强大的数据系统及快速应对风险能力可为政府部门监管带来高度便利[6]。

本章内容主要评估了大数据在食品安全领域中的应用程度。目前，政府的一些部门已开始鼓励在互联网上公开公共资助项目中所获得和产生的数据，这项政策为处理食品安全问题的利益相关者提供了新的机会，有望解决以前难以解决的问题。以智能手机作为食品安全检测设备和以社会媒体作为食品安全问题的预警，是应大数据而生的食品安全检测的新方向。

8.1 大数据简介

大数据（big data）是指"一种规模大到在获取、存储、管理、分析方面大大超出了传统数据库软件工具能力范围的数据集合，具有海量的数据规模、快速的数据流转、多样的数据类型和价值密度低四大特征。"业界通常用 4 个 V（即 volume、variety、value、velocity）来概括表示。[7-9]

首先是规模性（volume）。规模性是指数据量的巨大。对于"多大容量的数据才算大数据"，大数据的规模并没有具体的标准，仅仅规模大也不能算作大数据。规模大本身也要从两个维度来衡量，一是从时间序列累积大量的数据，二是在深度上更加细化的数据。截止到 2000 年，人类仅存储大约 12 EB（1 TB=1024 GB，1 PB=1024 TB，1 EB=1024 PB，1 ZB=1024 EB）的数据。但据 IDC 出版的《数字世界研究报告》显示，2013 年人类产生、复制和消费的数据量达到 4.4 ZB，增长速度在每年 40% 左右。到 2020 年，一年生成的数据量将增长至 44 ZB。

二是数据类型繁多（variety）。这种类型的多样性也让数据被分为结构化数据和非结构化数据。相对于以往便于存储的以文本为主的结构化数据，非结构化数据越来越多，包括网络日志、音频、视频、图片、地理位置信息等[10]，这些多类型的数据对数据处理能力提出了更高要求。2012 年起，每年生成的数据中非结构化数据已约占八成，且呈逐年增长的趋势。

三是价值密度低（value）。即数据生成的成本和其固有的价值，以及将大数据转化为全新的见解或决策所产生的价值回报[11]。价值密度的高低与数据总量的大小成反比。以视频为例,一部一小时的视频,在连续不间断的监控中,有用数据可能仅有一两秒。如何通过强大的机器算法更迅速地完成数据的价值"提纯"成为目前大数据背景下亟待解决的难题。

四是处理速度快(velocity)。速度是指数据生成和数据处理的速度。大数据是时间敏感的,必须快速识别和快速响应才能适应业务需求,一般要在秒级时间范围内给出分析结果,耗费时间过长即失去相应的价值(即"1秒定律"或称秒级定律)。这是大数据有别于传统数据挖掘技术最显著的本质特征。

大数据核心的价值就是在于对巨量数据进行存储和分析。相比起现有的其他技术而言,大数据的"廉价、迅速、优化"这三方面的综合成本是最优的,已经在很多领域成为现实。

8.2 大数据在食品安全检测中的应用

大数据的工作流程包括:数据采集与预处理,数据储存与管理,数据分析与挖掘,数据展现与应用,如图8.1。下面将分别介绍这些流程在食品安全检测中的应用。

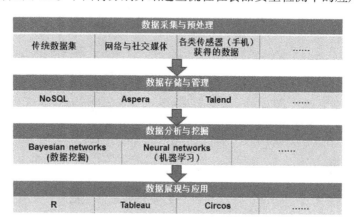

图 8.1 典型的大数据工作流程[12]

8.2.1 食品安全中的数据采集

不同类型的数据源都可能包含对食品安全有用的信息,包括现有的管理信息系统中的数据集、各大型数据集等(在线)数据库,社交媒体中关于食品安全的信息数据,基于各类传感器获得的数据,例如手机中的各类传感器等。接下来,我们将讨论各种类型的数据源，以及它们如何被用来为食品安全创造附加价值。

1. 传统数据集

随着信息化的普及推进，食品安全体系企事业单位当前都已经建起大大小小各类管理信息系统、在线大型数据集，用于存储和管理相关信息。表 8-1 提供了一个直接或间接地包含有关食品安全信息的（在线）数据源的概览，如灾害信息（即监测项目、警报系统、化学数据），曝光（即消费数据库）及植物和动物疾病的监测报告。例如，表中的全球环境监测系统（global environment monitoring system，简称 GEMS/Food）数据库包含数以百万计的全球监测数据输入[13]。

表 8-1　食品安全数据库

数据库名称	数据类型	数据描述	适用国家	组织
GEMS/food Monitoring data		Biological/chemical monitoring data	Global	WHO
JECFA Evaluations Database	Hazard evaluations	Summary information from the latest evaluation on contaminants and additives	Global	JECFA
RASFF	Alerts/notifications	Notifications from the Rapid Alert System for Food and Feed	European Union	European Commission
FDA Recent Recalls	Market Withdrawals	& Safety Alerts	Alerts/notifications	FDA Recalls
FDA Archive Recalls	Market Withdrawals	& Safety Alerts	Alerts/notifications	FDA Recalls
WHO collaborating centres database	WHO collaborating centres	Database of WHO collaboration centres	Global	WHO
Codex Alimentarius	Standards	Links General Standard for Contaminants and Toxins in Food and Feed	Global	WHO/FAO
EU pesticides database	Pesticide approval	List of approved pesticides	EU	European Commission
Database name	Database type	Data description	Country	Organisation
The EFSA Comprehensive European Food Consumption Database	Consumption data	Information on food consumption across the European Union	EU	EFSA
JECFA Specifications for Flavourings	Chemical/biological specifications	This database provides the most recent specifications for flavourings evaluated by JECFA	Global	JECFA
PubChem BioAssay/Compound/Substance	Chemical/biological specifications	Information on the biological activities of small molecules	Global	NCBI
Molecular databases	Chemical/biological specifications	World's public biological data	Global	EMBL-EBI
KEGG COMPOUND	Chemical/biological specifications	Metabolome informatics resource integrating genomics and chemistry		

续表

数据库名称	数据类型	数据描述	适用国家	组织
ChemSpider	Chemical specifications	Chemical structure database	Global	Royal Society of Chemistry
Foodborne Diseases Active Surveillance Network	Outbreak surveillance	Tracking trends for infections transmitted commonly through food	USA	CDC
Database name	Database type	Data description	Country	Organisation
Genome Trakr Network	Genome sequence	Network of laboratories to utilize whole genome sequencing for pathogen identification	USA	USFDA
Pulsenet	Genome sequence	PulseNet: The Molecular Subtyping Network for Foodborne Bacterial Disease Surveillance	United States	USA
ComBase	Quantitative microbiology	Quantitative food microbiology parameters	USA	USDA-ARS
Global G.A.P.	Supplier information	Database for producers	Global	GLOBALG.A.P.
International Food Additive Database	Maximum levels	Maximum levels Food additives	USA	USDA; GMA; USDEC; BCI
The World Bank	Country information	Large database of country (financial/development) information.	Global	The World Bank
USDA Production	Supply and Distribution Online	Production/supply	official USDA data on production	supply of agricultural commodities
Database name	Database type	Data description	Country	Organisation
USDA Foreign Agricultural Service's Global Agricultural Trade System (GATS)	Import/export	International agricultural	fish	forest and textile products trade statistics
AllergenOnline	Chemical information	Assessing the safety of proteins (by genetic engineering or food processing)	USA	University of Nebraska-Lincoln
SDAP - Structural Database of Allergenic Proteins	Chemical information	Web server that integrates a database of allergenic proteins with various computational tools that can assist structural biology studies related to allergens.	USA	UTMB-Health
USDA National Nutrient Database for Standard Reference	Food product information	Nutrient information food products	USA	USDA-NAL

2. 网络与社交媒体

互联网是一个巨大的信息来源，食品安全机构和食品相关组织已经使用诸如 Facebook、Twitter 和 YouTube 等社交媒体与公众就食品安全相关问题进行沟通。食品安全事件被收录到结构化的数据库的同时，也会同时发布到国际食品安全官方的网站和媒体报道中。例如，基于全基因组测序（WGS）数据中的食源性致病菌，也往往会迅速通过公共卫生和监管机构发表并允许行业使用这些数据。例如，2015年初所报道的WGS数据中，来自于堪萨斯州的冰淇淋中检测出李斯特菌菌株，数据公开后不久，即在堪萨斯州爆发了李斯特菌病的案件，从而将疫情与冰淇淋关联起来。

网络与社交媒体中的数据源超过90%是非结构化的数据，它们分散在网络各处，传统方式很难检索，但可以利用大数据技术中的网络爬虫自动爬取所需要的各类信息，并整理入库。通过分析用户在社交媒体上的评论，食品机构将更好地了解他们的受众，并可能发现新的问题。当前正在发展的网络数据挖掘和社会媒体分析有望利用大量数据作为一个食品安全预警系统，以鉴别那些可能发展为危机的潜在健康和食品安全问题。例如，欧洲媒体监控（EMM）中的医药信息系统（medical information system，MedISys）是一个互联网监测和分析系统，由JRC SANCO负责运行[14]，系统的目的是加强传染病监测网络的监测能力和发现早期的生物危害活性，并通过使用在线信息资源对危险进行快速监测、追踪和评估，并依此预先给出警告。它的信息来源于新闻报道，每天从上千家网站近1 600个新闻源的20 000个报道中搜取获得事件信息，据实时的新闻报道绘出预警统计图[15]。

3. 各类传感器（手机）获得的数据

物联网被称为继计算机、互联网之后世界信息产业的第三次浪潮。物联网是指通过射频识别、红外感应器、全球定位系统、激光扫描器等信息传感设备，按约定协议把任何物体通过有线或无线形式相连接，进行信息交换和通信，以实现对物体的智能化识别、定位、跟踪、监控和管理的一种网络。其中，感知层是物联网的感觉器官，主要用于识别物体和采集信息，包括传感器（含RFID）、摄像头、GPS、短距离无线通信、自组织网络和低功耗路由等。传感器是信息化源头，遍布于各个领域，随时随地收集各种信息数据，监测万物变化状态。

而当今智能手机既是多种传感器的载体，也是具备一定存储、传输、计算功能的微型计算机。它的使用越来越广泛，各种各样的应用程序迅速涌现，其中也包括与食品安全和健康有关的应用。当前，用智能手机和其他便携式设备相结合来进行测量的报道层出不穷：（1）水中的汞污染[16]；（2）啤酒中赭曲霉毒素A污染[17]；（3）多种食品中的过敏原[18]；（4）水和食品样品中的微生物（大肠杆菌）[19]。收集的数据可以通过手机或通过Wi-Fi连接计算机进行处理，同时也可以传输到数据云或其他数据中心。由Dzantiev等人提供的基于免疫层析的非实验室分析就是这种过程的一个实例[20]。

4. 构建食品安全数据源

构建食品安全数据源，还存在整合各数据集的难点，包括各类数据库相互间的关联、结构化数据与非结构化数据的链接、整合等。图 8.2 给出了一个示例，各种类型的数据源中哪些元素可以用来连接数据源（例如危险源、食品 / 产品和国家）以产生附加价值。尽管来自不同的数据源，图 8.2 所示数据联系[12] 与 WHO 的 FOSCOLLAB 平台使用的具有相似之处。

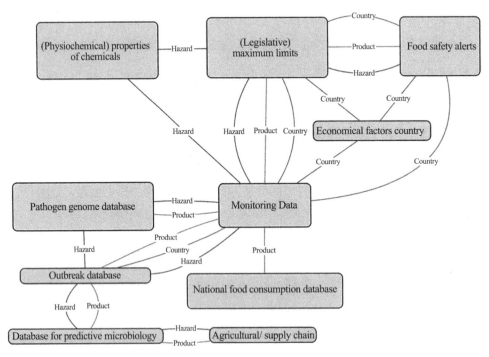

图 8.2　数据源之间可能的数据联系的举例，可以在分析食品安全风险方面提供额外价值

8.2.2 数据存储和管理

一般来说，数据存储是通过数据管理系统实现的，如 Oracle、Mircosoft SQL Server、MySQL 和 PostgreSQL 等。然而，这样的系统不足以支持大数据处理。在这种情况下，需要比传统系统提供更快的速度、更优的灵活性和更佳的可靠性。因此，对于大数据技术而言，需要采用新一代的数据库，即非关系型的数据库。它具有非相关性，开放的资源和横向可扩展性，被称为 NoSQL，例如 MongoDB、Cassandra、HBase 等。

当前，依托云计算的强大技术，解决了大数据管理中具有挑战性的数据传输与强计算力的难题，它完成大规模数据在数据源、GPU 或 CPU，以及应用环境之间传输。当前用于处理大数据的传输软件、ETL 软件主要有 Aspera，Talend 等。

8.2.3 数据分析与挖掘

构建完数据源后，数据会被处理分析。分析大数据的方法可分为两类：数据挖掘和机器学习。

推荐系统是利用数据挖掘技术和试探式技术开发的（协同过滤，基于内容的过滤和混合方法）系统，是当前的一个热门应用。它提取消费者偏好、兴趣或观察行为的信息过滤系统，并能据此提出相应的建议[21]。例如，美国疾病控制与预防中心最近的一份报告表明，挖掘 Yelp 网站的评论可以帮助公共卫生机构确定食源性疾病爆发的源头，并链接到本来可能未被发现的相关餐厅，从而推荐人们选择恰当的餐厅。

机器学习旨在探索一种源于数据而又可以预测数据的算法。在设计算法太复杂或是需要从数据中建立模型以进行预测或决策时，机器学习将派上用场。机器学习算法主要包括监督学习、无监督学习和半监督学习等，能有效解决许多特殊的分类问题，如 Auto Encoder、Restricted Bolzmann Machine、Bayesian networks、Neural networks 等。当前，其中的许多技术已经被应用在食品安全应用中，并有望作为食品安全中大数据的主要处理工具[22]。

8.2.4 数据展现与应用

可视化工具可用来分析和呈现大量数据的摘要信息，优缺点各异。最常用的是 R 和 Tableau[23]。R 是一种用于科学数据上来可视化和分析提供用户自定义图函数和网络画图函数的数据的开源编程语言。对于不需要编程技巧的商业可视化软件，IBM Many Eyes 和百度的 ECharts 是不错的选择。在基因学组方面，Circos 已成为基因组染色体可视化的标准，它能够在一个循环设计中实现数据可视化并能探索对象或位置之间的关系。

另外，计算机视觉技术也在食品安全方面有所应用。计算机视觉可以简单的理解为用摄像机代替人的眼睛，用软件处理程序代替人大脑完成对目标的识别和鉴定，它对图像的处理可简单归类为 3 个方面：图像处理、图像分析和图像理解[24]。通过所提供图像的分析，把各个相关性质结合起来进行研究，类似于人脑的思维推理，所得出的结果可对食品质量检测提供借鉴意义。袁卫鹏等[25]用颜色检测烟纸污点，建立了一种基于颜色空间变换的图像分割与检验方法；Li 等[26]利用计算机视觉技术特征提取和匹配西红柿植株；

Brosnan 等 [27] 建立了基于计算机视觉技术的农产品检测系统。计算机视觉技术在食品行业中的应用大大减少了人力,具有广泛的社会及经济效益。

8.3 食品安全方面的大数据举例

8.3.1 在我国的应用

2015 年,国务院印发《促进大数据发展行动纲要》,指出要在食品安全等领域,推动进行数据的汇聚整合与关联分析,提高监管和服务的针对性、有效性。大数据正为食品安全治理带来新的变革 [44]。以核心系统食品安全溯源系统的应用来看,大数据在食品安全领域中主要表现为六大特性,即溯源流程透明性、溯源层次多样性、溯源信息标准性、溯源数据保密性和及时性以及溯源操作灵活性。

在此背景下,食品安全大数据行业迎来前所未有的发展机遇。数据显示,2016 年,我国食品安全大数据行业市场规模达到 11.76 亿元,同比增速高达 44.83%。2018 年预计达到 16.93 亿,2022 年将高达 35.12 亿元,每年平均增速达 20%。当前我国的主要食品安全大数据业务主要表现为食品追溯的解决方案,另外还包括物流追溯解决方案、仓库周转追溯方案等等一系列细分市场的解决方案 [45]。

国家药品快检数据库网络平台以近红外光谱分析技术为基础,结合外观鉴别、化学、生物、物理、光谱和色谱等多种快速检验技术,重点针对国家基本药物、进口药品和基层常用药品建立适宜基层监管的药品快速检验方法,针对掺杂、掺假等非法添加问题建立适宜基层监管的快速检验方法,构建国家药品快速检验数据库网络平台,通过全国联网,避免各地重复建模,实现资源共享,是可以让快检工作"多、快、好、省"的网络平台,大大提高全国药品快检工作效率,降低监管成本 [28]。

8.3.2 农业链和食品供应链

在农业链中,通过将环境因素信息与病原体的生长和危害联系起来,大数据可以用来预测病原体或污染物的存在。例如,通过监测田间作物的情况,在黄曲霉毒素进入食物链之前就可以被鉴定出来 [29]。在另一项研究中,通过建立定量的模型来预测的霉菌毒素脱氧雪腐镰刀菌烯醇(DON)对欧洲西北部小麦的污染,采用了多种模型和数据库,包括气

象数据 [14]。通过表征农田病原体的存在,结合环境和气象数据,李斯特氏菌的存在可以被预测 [30]。

在供应链中,对食品进行追踪是必不可少的。对"从农场到餐桌"即食品的生产加工、贮存、运输、销售等环节进行全程跟进,并在发生食品质量安全问题后进行追溯,大数据技术提供了有效的信息共享网络平台 [31-33]。基于信息管理系统(information management system,IMS)可以实现对产品的全程追溯,通过采用国际物品编码协会(european article number,EAN)以及美国统一编码协会(uniform code council,UCC)建立的 EAN.UCC 条形码系统可以对食品供应链全过程中的产品及其属性信息、参与方信息等进行有效标识,对各个环节进行跟踪把控,在出现质量安全问题时可及时准确追溯问题环节,减轻政府监管部门的监管工作 [34, 35]。

GPS 和基于传感器的 RFID 射频识别技术(radio frequency identification,RFID)常用来收集食物的位置或其他属性(例如温度)的近实时数据。射频技术还可对食品生产链各个环节的情况进行信息编码存储,建立信息交互网络,各个企业或相关人员及消费者可通过电子标签在生产链数据库中查到相应产品的全部生产流程,从而实现全程可追溯。

美国的一家大型连锁餐厅(the cheesecake factory)收集大量的运输温度、保质期、食品退回方面的数据,由 IBM 大数据分析系统进行分析。当出现问题时,受影响的食品可以迅速从所有餐厅召回。沃尔玛采用的 SPARK 系统,可以自动上传数据(如食物温度)到网络记录保存系统。一个月的时间内,卫生人员可以测量烤鸡内部的烹饪温度 10 次,私人调查员可测量 100 次,而 SPARK 系统能够测量 140 万次。用这种方式能够收集大量数据,并用以快速识别未煮熟的鸡肉 [36]。

8.3.3 暴发和来源鉴定

在食品安全问题暴发期间收集和分析大量样本,就获得了大量用于确定暴发来源的数据和信息。病原体基因组(全基因组测序、下一代测序)快速筛选技术的发展的结果是一批特定的基因组信息和(历史)的致病菌或亚型的发生 [37]。例如,在 2011 年德国"肠出血性大肠杆菌病原体"暴发后,细菌存在的各个领域的信息都被收集起来。检查健康人群的住所进行了检查,查看是否有隐匿的病原体,并对家庭成员进行监测,以筛查继发感染。预计这种监测信息可能有助于在早期阶段及时发现问题并且及时预防,从而防止暴发 [38]。

8.3.4 用其他的数据源识别疫情

除了基因组信息外，还可以使用其他因素来确定污染源。Gardy 等 [39] 从结核病暴发的研究中得出结论——单独的基因型分析和接触者追踪不能获得暴发的真实动力学。他们利用现有和历史隔离群的社会环境信息和全基因组测序相结合来确定暴发的成因。虽然在"volume"方面，36 个隔离群的数据不算多，但通过使用社交网络的病人访谈，数据的"variety"增加了。

Doerr 等 [40] 采用极具前瞻性的地理空间模型，根据食品供应链确定涉及受污染食品的批发商。这些模型包括批发商的分销网络、人口密度、零售商所在地和消费者行为。

一项研究 [41] 以食物中毒为关键词分析了在线客户对餐馆的评论（Yelp.com）。他们将结果与疾病控制和预防中心（centers for disease control and prevention，CDC）疫情控制数据库进行比较。研究者推测这些评论能够提供疫情的近实时信息用以补充传统的监视系统。

8.4 大数据在食品安全方面的应用未来

显然，这些强大的需求将驱动着大数据在更多领域的研究和应用中发挥作用，它同样推动着食品安全检测迈入新的发展阶段。更多新的应用程序与方法成功应用于食品安全检测领域。如借助智能手机的传感器与计算力来衡量食品安全危害、整合各种来源的数据集来分析食品安全风险。巨额的公共资助的研究项目，如欧洲委员会针对的 H2020 资助项目的数据的可用性将为食品安全问题的解决带来新的见解。

在 RICHFIELDS 项目（www.richfields.eu）中，将会开发支持工具，协助选择健康食物。开发的工具将充分利用食品数据、食物摄入量数据、生活方式和健康数据，包括通过使用移动应用程序或技术实时消费产生的数据（消费者信息、购买、准备和消费者产生的实时数据等）解决人们的个性化营养需求 [42]。

此外，当前在食品安全检测上的大数据应用还很有限，我们期待着有更多已在很多领域成功应用的算法（如贝叶斯网络 BNS 等），也能够成功应用于食品安全领域，来预测食品安全领域可能存在的食品安全风险。

8.5 结论

世界上直接或间接与食品相关的大量数据正在不断地生成。目前，在大数据领域开发的工具正数量有限地应用于食品安全。互联网上公开的公共资助研究项目的数据为处理食品安全问题的利益相关者提供了新的机会，以解决以前不可能解决的问题。特别是应用于食品安全检测的移动电话和先进的可追溯系统和社交媒体的使用可能需要比目前具有更多的大数据特征的工具和基础设施。尽管在改善食品安全和食品质量的途径方面，以大数据为基础的方法有着相当大的潜力，但是对于业界而言，利用这些工具的优势仍然存在许多挑战。虽然大多数挑战并不是食品行业独有的，但其中一些在食品安全领域可能会更加严竣。例如，在食品工业中的许多数据采集仍然使用人工，并且还往往涉及不易用于数据挖掘的纸质记录。然而，只有少数训练有素的数据科学家同时也熟悉食品系统类型等问题（或是说很少有能配合大型数据集工作的食品科学家），能够利用大数据解决食品安全和质量问题，进而影响产业的发展能力和系统的有效实施。鉴于这些挑战，业界已明确需要采取行动，准备利用大数据工具及其解决方案来解决食品安全和食品质量的难题。

参考文献

[1] 郑玲微 . 大数据时代来临，你准备好了吗——大步跨大数据时代 [J]. 信息化建设 . 2013，1，10.

[2] 林宗缪，郭先超，姚文勇 . 食品质量风险监测云平台研究与实现 [J]. 自动化与仪器仪表 . 2016，11，154.

[3] 尚雷雪 . 基于物联网技术的食品安全监管体系研究 [D]. 南京：南京邮电大学，2015.

[4] 胡国瑞，张志强，文连奎 . 计算机信息技术在食品安全控制中的应用 [J]. 中国食品卫生杂志，2010，22(6)，567.

[5] 谌智 . 江西食品工业企业信息化评价体系优化研究 [D]. 南昌：南昌大学，2013.

[6] 刘玉敏 . 探讨基于信息化加强食品安全的管理及监督策略 [J]. 中国保健营养，2015，25(17)，416.

[7] GROBELNIK M. Big-data computing: creating revolutionary breakthroughs in commerce，science，and society [R/OL]. [2012-10-02]. https://videolectures.net/eswc2012_grobelnik_big_data/

[8] BARWICK H. The "four Vs" of Big Data. Implementing information infrastructure symposium [EB/OL]. [2012-10-02]. https://www.computerworld.com.au/article/396198/iiis_four_

vs_big_data/

[9] IBM. What is big data? [EB/OL]. [2012-10-02]. https://www-01.ibm.com/software/data/bigdata/

[10] HACCP Europe (2013). IBM big data helps to control food safety inrestaurant chain.

[11] Hazeleger，W. (2015). Is big data a big deal? What big data does to science. Generale，W. S. (Ed.). Available at https://www.wur.nl/nl/activiteit/Is-Big-Data-a-Big-Deal-What-Big-Data-Does-To-Science-1.htm. Accessed 12 January 2016.

[12] HANS J P, ESMÉE M J, YAMINE B, et al. Big data in food safety: An overview[J]. Critical Reviews in Food Science and Nutrition. 2017，57:2286.

[13] WHO. Global environment monitoring system - food contamination monitoring and assessment programme. GEMS/food. https://extranet.who.int/gemsfood/Default.aspx (Ed.). 2015b.

[14] STEINBERGER R, POULIQUEN B, GOOT E V D. An introduction to the Europe media monitor family of applications[J]. Computer Science，2013，1309.5290.

[15] RORTAIS A, BELYAEVA J, GEMO M, et al. MedISys: An early-warning system for the detection of (re-)emerging food- and feed-borne hazards[J]. Food Res. Int. 2010，43，1553.

[16] WEI Q, NAGI R, SADEGHI K, et al. Detection and spatial mapping of mercury contamination in water samples using a smart-phone[J]. ACS Nano.2014，8，1121.

[17] BUENO D, MU ～ NOZ R, MARTY J L. Fluorescence analyzer based on smartphone camera and wireless for detection of ochratoxin A[J]. Sensors Actuators B: Chem. 2016，232，462.

[18] COSKUN A F, WONG J, KHODADADI D, et al. A personalized food allergen testing platform on a cellphone[J]. Lab Chip. 2013，13，636.

[19] ZHU H, SIKORA U, OZCAN A. Quantum dot enabled detection of Escherichia coli using a cell-phone[J]. Analyst. 2012，137，2541-2544.

[20] DZANTIEV B B, BYZOVA N A, URUSOV A E, et al. Immunochromatographic methods in food analysis[J]. TrAC Trends Anal. Chem. 2014，55，81.

[21] KONSTAN J A, RIEDL J. Recommender systems: From algorithms to user experience[J]. User Model. User-Adapt. Interact. 2012，22，101.

[22] WANG Y, YANG B, LUO Y, et al. The application of big data mining in risk warning for food safety[J]. Asian Agric. Res. 2015，07，83.

[23] SCHUMACKER R, TOMEK S. R FUNDAMENTALS. In: Understanding Statistics Using R[J]. Springer，New York. 2013，1.

[24] 李骁麒. 计算机视觉系统框架的新构思 [J]. 科技视界，2015，(15)，126-126.

[25] 袁卫鹏，施鹏飞，周煦潼. 颜色空间变换在烟纸污点检测中的应用 [J]. 微型电脑应用，2001，17(11)，41-42.

[26] LI H, WANG K, CAO Q, et al. Tomato targets extraction and matching based on computer vision[J]. Trans Chin Soc Agric Eng, 2012, 28(5), 168−172.

[27] BROSNAN T, SUN D W. Inspection and grading of agricultural and food products by computer vision systems—a review[J]. Comput Electron Agric, 2002, 36(2-3), 193−213.

[28] 李雪墨. 加快推进快检技术在基层的应用 [J]. 中国医药报. 2012-09-07.

[29] ARMBRUSTER W J, MACDONELL M M. Informatics to support international food safety. Proceedings of the 28th Conference on Environmental Informatics-Informatics for Environmental Protection[J], Sustainable Development and Risk Management, 2014, 127−134.

[30] STRAWN L K, FORTES E D, BIHN E A, et al. Landscape and meteorological factors affecting prevalence of three food-borne pathogens in fruit and vegetable farms[J]. Appl. Environ. Microbiol. 2013, 79, 588.

[31] PIZZUTI T, MIRABELLI G. The global track&trace system for food: general framework and functioning principles[J]. J Food Eng, 2015, 159, 16.

[32] ROSS D J, FORBES J B, ELMENHURST B, et al. Digital fingerprinting track & trace system[J]. European Patent Application, EP28692412015.

[33] Wu H, Zhang Y, Yuan Z, et al. A review of phosphorus management through the food system: identifying the roadmap to ecological agriculture[J]. J Cleaner Prod, 2015, 114, 45-54.

[34] 潘良文，杨捷琳，李想，等. 利用 EAN·UCC 编码和转基因标识对转基因产品进行溯源 [J]. 粮食与油脂, 2012, (12), 31.

[35] GUO T, YAN Y, WANG L, et al. Use of the EAN.UCC system in tracking and tracing of agricultural logistics in supply chain[J]. ASCE, 2015, 1657.

[36] YIANNAS, F. How Walmart's SPARK Keeps Your Food Fresh. In:Walmart today. https://corporate.walmart.com/_blog_/sustainability/20150112/how-walmarts-spark-keeps-your-food-fresh. 2015.

[37] LIENAU E K, STRAIN E, WANG C, et al. Identification of a salmonellosis outbreak by means of molecular sequencing[J]. New Engl. J. Med. 2011, 364, 981.

[38] KUPFERSCHMIDT K. As E. coli outbreak recedes, new questions come to the fore[J]. Science. 2011, 333, 27.

[39] GARDY J L, JOHNSTON J C, HO S, et al. Whole-genome sequencing and socialnetwork analysis of a tuberculosis outbreak[J]. New England J. Med. 2011, 364, 730.

[40] DOERR D, HU K, RENLY S, et al. Accelerating investigation of food-borne disease outbreaks using pro-active geospatial modeling of food supply chains. In: Proceedings of the First ACM SIGSPATIAL International Workshop on Use of GIS in Public Health[J]. ACM, Redondo Beach, California. 2012.

[41] NSOESIE E O, KLUBERG S A, BROWNSTEIN J S. Online reports of foodborne illness capture foods implicated in official foodborne outbreak reports[J]. Prev. Med. 2014, 67, 264.

[42] VAN J, VERAIN M C D, ONWEZEN M C. The potential of enriching food consumption data by use of consumer generated data: A case from RICHFIELDS. Proceedings of Measuring Behavior, 2016.